Brahim Amari
Jassem Slimi

Aménagement antiérosif du bassin versant Oued Ezzitoun Kef Ouest

Brahim Amari
Jassem Slimi

Aménagement antiérosif du bassin versant Oued Ezzitoun Kef Ouest

Éditions universitaires européennes

Imprint

Any brand names and product names mentioned in this book are subject to trademark, brand or patent protection and are trademarks or registered trademarks of their respective holders. The use of brand names, product names, common names, trade names, product descriptions etc. even without a particular marking in this work is in no way to be construed to mean that such names may be regarded as unrestricted in respect of trademark and brand protection legislation and could thus be used by anyone.

Cover image: www.ingimage.com

Publisher:
Éditions universitaires européennes
is a trademark of
Dodo Books Indian Ocean Ltd., member of the OmniScriptum S.R.L Publishing group
str. A.Russo 15, of. 61, Chisinau-2068, Republic of Moldova Europe
Printed at: see last page
ISBN: 978-3-8417-4613-9

Copyright © Brahim Amari, Jassem Slimi
Copyright © 2015 Dodo Books Indian Ocean Ltd., member of the OmniScriptum S.R.L Publishing group

Remerciements

Au terme de ce travail, nous souhaitons adresser nos remerciements les plus sincères aux personnes qui nous ont apporté leur aide et qui ont contribué de près ou de loin à l'élaboration de ce modeste travail ainsi qu'à sa réussite.

Nous adressons nos remerciements les plus sincères à Mr. **Ali Daly AISSA**, enseignant à l'école supérieure d'agriculture du Kef (ESAK), pour son encadrement, sa disponibilité et ses conseils fructueux qu'il nous a prodigués le long de notre projet.

Nos remerciements s'adressent en particulier à Mr. **Fethi ICHAOUI** en tant que Co-encadreur pour les précieux conseils qui a bien voulu nous fournir afin de réaliser ce travail, s'est toujours montré à l'écoute et disponible tout au long de la réalisation de ce mémoire.

Nos pensées vont aussi aux personnes du CRDA rencontrées lors des recherches effectuées et qui ont accepté de répondre à nos questions avec une grande compréhension et générosité.

Nous exprimons aussi nos sincères reconnaissances à tous nos enseignants de l'ESA Kef sans exception pour leurs efforts fournis durant toute la période d'étude.

Nous ne saurions terminer sans adresser un mot de reconnaissance à nos familles pour leur soutien sans faille et leur patience.

Nous remercions également les membres de jurys qui ont accepté d'évaluer notre travail.

Enfin, nous adressons nos plus sincères remerciements à tous nos proches amis, qui nous ont toujours soutenu et encouragé au cours de la réalisation de ce mémoire.

Merci à tous et à toutes.

Liste des abréviations

CES	: Conservation des eaux et du sol
C.R.D.A	: Commissariat Régional du Développement Agricole
D.T	: Dinar Tunisien
M.D	: Million Dinar
Ha	: Hectare
B.V	: Bassin Versant
M.N.T	: Model numérique du terrain

Liste des cartes

Carte n°1	: Carte administrative du gouvernorat du Kef..	17
Carte n°2	: Carte des étages bioclimatiques de la région du Kef................................	18
Carte n°3	: Carte des amplitudes thermiques du gouvernorat du Kef..........................	20
Carte n°4	: Carte du modèle numérique du terrain de la région du Kef......................	25
Carte n°5	: Carte des pentes de la région du Kef...	27
Carte n°6	: Carte d'érosion du gouvernorat du Kef...	40
Carte n°7	: localisation de la zone d'étude Oued Ezzitoun...	45
Carte n°8	: Carte de localisation du BV Oued Ezzitoun (Google Earth)....................	46
Carte n°9	: Localisation du BV Oued Ezzitoun sur la carte topographique................	47
Carte n°10	: Carte des courbes de niveau du BV Oued Ezzitoun.................................	53
Carte n°11	: Carte du réseau hydrographique du BV Oued Ezzitoun...........................	57
Carte n°12	: Carte pédologique du BV Oued Ezzitoun...	70
Carte n°13	: Carte des pentes du BV Oued Ezzitoun..	71
Carte n°14	: Carte d'occupation du sol du BV Oued Ezzitoun.....................................	73
Carte n°15	: Carte d'érosion du BV Oued Ezzitoun...	87
Carte n°16	: Carte de risque à l'érosion du BV Oued Ezzitoun....................................	89
Carte n°17	: Carte des aménagements proposés du BV oued Ezzitoun........................	98

Liste des photos et des figures

Figure n°1	: Variation interannuelle des précipitations au niveau du bassin versant de l'oued Ezzitoun pour la période 2003-2012	48
Figure n°2	: Variation de la température moyenne mensuelle au niveau du bassin versant oued Ezzitoun pour la période (2003-2012)	49
Figure n°3	: Courbe hypsométrique	54
Figure n°4	: Modèle numérique du terrain	86
Figure n°5	: Schémas du cycle des impacts des aménagements de C.E.S	100
Photo n°1	: Céréaliculture	72
Photo n°2	: Jachère	72
Photo n°3	: Forêt	72
Photo n°4	: Culture d'olivier	72
Photo n°5	: Erosion en nappe	74
Photo n°6	: Décapage de la couche superficielle du sol	75
Photo n°7	: Erosion par rigole	75
Photo n°8	: Erosion par ravinement	76
Photo n°90	: Erosion par sapement des berges	77
Photo n°10	: Erosion par glissement des terrains	78
Photo n°11	: Sortie sur terrain	79
Photo n°12	: Gypse floculé pour le profil n°3	81
Photo n°13	: Mesure de la conductivité électrique	84
Photo n°14	: Test de gypse	85
Photo n°15	: Occupation du sol	88

Liste des tableaux

Tableau n°1	: Superficie et secteurs par délégation...	16
Tableau n°2	: Direction des vents (%)...	21
Tableau n°3	: Classe des pentes des reliefs du gouvernorat du Kef............................	26
Tableau n°4	: Importance spatiale de l'érosion hydrique à l'échelle nationale............	34
Tableau n°5	: Importances des zones d'érosion	40
Tableau n°6	: Réalisation de la première stratégie 1990-2001....................................	42
Tableau n°7	: Avancement de la 2éme stratégie de conservation des eaux et du sol dans le gouvernorat de Kef (2002-2011) jusqu'à 31/12/2005..............	42
Tableau n°8	: Précipitation annuelle (mm)..	48
Tableau n°9	: Température moyenne mensuelle pour la période 2003-2012..............	49
Tableau n°10	: Répartition de l'altitude en fonction de la surface................................	53
Tableau n°11	: Classification des reliefs selon ORSTOM..	57
Tableau n°12	: Débit de crues selon la formule de Ghorbel...	60
Tableau n°13	: Débit de crues selon la formule de Kalel..	60
Tableau n°14	: Tableau récapulatif des caractéristiques du BV Oued Ezzitoun............	61
Tableau n°15	: Calcul du bilan hydrologique du BV Oued Ezzitoun............................	64
Tableau n°16	: Estimation de l'apport moyen annuel Oued Ezzitoun...........................	67
Tableau n°17	: Apports fréquentiels (Oued Ezzitoun)..	67
Tableau n°18	: Apports solides (Oued Ezzitoun)..	68
Tableau n°19	: Répartition des classes des pentes...	69
Tableau n°20	: Occupation du sol de l'Oued Ezzitoun...	71
Tableau n°21	: Analyse granulométrique des différents profils....................................	79
Tableau n°22	: Variation du pH des différents profils..	81
Tableau n°23	: Conductivité électrique des différents profils.......................................	82
Tableau n°24	: Teneur en MO et en C des différents profils..	83
Tableau n°25	: Teneur en Gypse du profil P3...	84
Tableau n°26	: Cout des actions Ces dans le bassin versant Oued EZZITOUN............	95
Tableau n°27	: Répartition sur les années des composantes du proje...........................	96

Résumé

L'érosion hydrique des sols constitue un aspect majeur de la dégradation des paysages dans les environnements méditerranéens humides à semi-arides, tel est l'exemple de la région du Kef et notamment du bassin versant de l'oued Ezzitoun. L'homme agit sur ce processus physique en l'accroissant ou le réduisant.

L'érosion hydrique des sols dans le bassin versant de l'oued Ezzitoun résulte de l'interaction entre les facteurs statiques et les facteurs dynamiques. Les facteurs statiques sont reliés à la vulnérabilité des terrains. Celle-ci représente une caractéristique propre du milieu, indépendante des facteurs dynamiques. Ces derniers sont les agents de pression qui peuvent être soit naturels (climat et couverture végétale), soit humains (surpâturage). Le volume et la forte intensité des précipitations au cours d'averses de fréquence rare ainsi que la fragilité des terrains constituent des éléments majeur de l'érosion.

La durabilité qui est l'objectif essentiel des projets de développement agricole et de la lutte antiérosive se réalise par un aménagement antiérosif proposé dans ce stage de fin d'étude.

Abstract

The water erosion is a major aspect of landscape degradation in the humid semi-arid Mediterranean environments, as is the example of Kef region including the catchment area of the river Ezzitoun. The man is on the physical process by increasing or reducing.

Water erosion of soils in the catchment of the river Ezzitoun results from the interaction between the static and dynamic factors. Static factors are related to the vulnerability of land. This is a characteristic of the place, independent of dynamic factors. These are pressure agents which may be either natural (climate and vegetation cover) or human (overgrazing). The volume and high intensity rainfall during flurries with rare and fragility of the land are the major elements of erosion.

Sustainability which is the main objective of agricultural development projects and erosion control is achieved by a proposed internship in this study erosion control.

ملخص

تعتبر التعرية المائية في المناطق المتوسطية الرطبة و شبه الجافة من العوامل الرئيسية المؤثرة في البنية الجيومورفولوجية من ناحية وفي فقدان التربة لخصائصها من ناحية أخرى، نذكر من ذلك منطقة الكاف و خصوصا الحوض المائي واد الزيتون. و مما لاشك فيه إن الإنسان دخل في هذه العملية حيث يساهم في تضخيمها أو الحد منها.

ان إنجراف التربة في الحوض المائي واد الزيتون هو نتيجة التفاعلات بين العوامل الثابتة و الديناميكية. فالعوامل الثابتة هي هشاشة الارض مما يجعلها أكثر عرضة للانجراف. أما بالنسبة للعوامل الديناميكية فهي طبيعة المناخ و الغطاء النباتي أو بشرية كالرعي الجائر.

يتم تحقيق الاستدامة التي هي الهدف الرئيسي لمشاريع التنمية الزراعية وللسيطرة على إنجراف التربة بإنشاء انجازات في مقاومة الإنجراف والتي سيتم عرضها في هذه الدراسة.

Table de matière

Introduction	13
Problématique	14
Objectifs du projet	15
Etude bibliographique	16
I. Situation géographique	16
II. Découpage administratif	16
III. Données climatiques	17
1. Température	19
2. Evaporation	21
3. Vent	21
4. Pluviométrie	22
IV. Milieu physique	22
1. Relief	22
2. Géologie	28
3. Pédologie	28
a) Sol minéraux bruts et sol peu évolués	28
b) Vertisols	29
c) Sols calcimagnésiques	29
d) Sols bruns calcaires et rendzines	29
e) Sols isohumiques	30
f) Sols hydromorphes	30
g) Sols fersialitiques	30
4. Eaux souterraines	30
a) Nappes phréatiques	30

b)	Nappes profondes	31
5.	Erosion	32
a)	Erosion hydrique	32
i)	Définition	32
ii)	Mécanisme de l'érosion hydrique	32
b)	Importance de l'érosion en Tunisie	33
c)	Facteurs de l'érosion en Tunisie	34
i.	les facteurs naturels	34
ii.	les facteurs humains	35
d)	Formes de l'érosion	36
i.	Erosion en nappe	36
ii.	Erosion en ravin	36
iii.	Erosion linéaire	37
iv.	Erosion en rigole	37
v.	Erosion en masse	38
e)	Conséquence de l'érosion hydrique	38
f)	Erosion dans le gouvernorat du Kef	39
i.	Importance de l'érosion	39
ii.	Différentes zones de l'érosion	40
g)	Stratégie de lutte	41
Méthodologie de travail		44
I.	Présentation de la zone d'étude	44
1.	Situation géographique	48
2.	Etude hydro climatologique	48
a)	Le climat	48

- b) Hydrologie 51
- 3. Pédologie 69
- a) Description 69
- b) Les classes des pentes 70
- 4. Couvert végétale 71
- 5. Etude de l'érosion 73
- a) Erosion en nappe 74
- b) Erosion par rigole 75
- c) Erosion par ravinement 75
- d) Erosion par sapement des berges 76
- e) Erosion par reculement de la tête du ravin 77
- f) Les glissements rotationnels des terrains 78
- II. Echantillonnage et analyse du sol 78
- 1. Caractéristiques physiques des sols 80
- 2. Caractéristiques chimiques des sols 82
- III. Elaboration d'une carte de risque à l'érosion 85
- IV. Les aménagements proposés 90
- 1. Les ouvrages 90
- a) Les banquettes mécaniques 90
- b) Correction des ravins 91
- i. Les seuils en pierres sèches 92
- ii. Seuils en gabion et seuils en maçonnerie 92
- iii. Ouvrages d'épandage des eaux de crues 92
- iv. Les épis 92
- v. Ouvrages de fixation des têtes du ravin 93

vi.	Murs de soutènement...	93
vii.	Ouvrages de recalibrage des cours d'eau...................................	93
c)	Cuvettes individuelles..	93
2.	Les aménagements agro-pastoraux...	93
a)	Consolidation des travaux de CES..	93
b)	Végétalisation des cours d'eaux...	94
c)	Plantations fruitières..	95
3.	Les techniques douces..	95
a)	Labour en courbes de niveau...	95
b)	Les plantations en courbes de niveau...	95
V.	Cout estimatif du projet..	96
VI.	Echéancier du projet...	97
VII.	Impactes des aménagements CES...	99

Conclusion... 101

Références bibliographiques... 102

INTRODUCTION

L'érosion en Tunisie est un phénomène très ancien qui a touché de grandes superficies. En effet sur les 5.4 millions d'ha de terres agricoles ulules (33% de la superficie totale du pays), l'érosion menace 3 millions d'ha dont la moitié est gravement affectée.

Chaque année les oueds déversent prés de 3 milliards de m^3 d'eau dans la mer avec une charge solide atteignant des seuils alarmants, par exemple, oued Medjerda déverse dans la mer plus d'un milliard de m^3 d'eau chargée d'éléments solides estimés à 20 milliards de m^3 de terre soit l'équivalent de 5000 à 10000 ha de terre agricole.

Le gouvernorat du Kef est l'un des plus affecté et menacé par l'érosion vu les conditions édaphique défavorables, de l'agressivité du climat et de la forte pression démographique.

La lutte anti-érosive est par conséquent une action ancestrale en Tunisie et la plupart des techniques sont connues et maitrisées par les ruraux.

La direction de la conservation des eaux et du sol a été créée dans l'objectif de mieux répondre aux besoins en conception, en planification, en étude et en exécution du secteur. L'une des raisons qui ont milité en faveur de cette création et l'importance à accorder, d'une part, pour intensifier la lutte anti-érosive chez les privés et d'autre part, pour faire de l'activité CES une véritable action de développement agricole.

Les missions attribuées à cet organisme se résument comme suit :
- La mise en œuvre de la politique nationale en matière de la conservation des eaux et du sol destinée à la protection des sols et à l'amélioration de leur production.
- L'élaboration des études d'aménagement des bassins versants, des études socio-économiques des bassins versants et des zones à traiter.
- L'élaboration des études d'exécution des travaux anti-érosifs et leur programmation.
- Le contrôle et le suivi de l'exécution des projets de conservation des eaux et du sol.
- Le suivi des travaux anti-érosifs et d'amélioration de la production.
- La conception et la mise en œuvre de l'exécution des travaux mécaniques.
- La vulgarisation des techniques anti-érosives.

PROBLEMATIQUE

L'érosion dans la zone d'étude (Bassin versant d'OUED Ezzitoun est un phénomène très ancien qui touche une grande superficie à cause d'une grande superficie à cause d'une fragilité de l'environnement physique et humaine, un relief accidenté, des pluies torrentielles et le défrichement de l'amont par la population locale.

Parmi les problèmes rencontrés dans le bassin d'OUED Ezzitoun on cite :

- Le manque de développement du milieu rural et la gestion des ressources naturelles à cause de la variabilité des condition climatiques, la terres agricoles et leur faible productivité, le morcellement et en fin qu'un pourcentage élevé des terres réservé à la céréaliculture.
- Des pratiques agricoles non adaptés aux conditions du milieu.
- Un réseau hydrographique dense est très actif.
- Mauvaise gestion des ressources
- La présence d'un milieu naturel fortement dégradé.

OBJECTIF DU PROJET

L'aménagement anti-érosif de la zone d'étude vise plusieurs objectifs :

- Amélioration du niveau et des conditions de vie de la population.
- Arrêt de l'érosion et de la dégradation des sols par des mesures systématiques de conservation de sol et des eaux.
- Satisfaction des besoins économiques et garantie de la sécurité de la population d'un bassin versant ou d'un pays donné.
- Protection des infrastructures en aval et des investissements publics.
- Etablissement d'un équilibre écologique entre l'homme et son milieu.
- Production soutenue avec des rendements accrus grâce à une meilleure gestion des systèmes de production.

Etude bibliographique

I-Situation géographique :

Le gouvernorat du Kef couvre une superficie totale de 508 100 ha, il est situé dans la région Nord-Ouest de la Tunisie qui englobe 4 gouvernorats : Kef, Jendouba, Siliana et Béja. Les limites frontalières de cet gouvernorat sont comme suites :

- L'Algérie à l'Ouest,
- Le gouvernorat de Jendouba au Nord,
- Le gouvernorat de Kasserine au Sud,
- Le gouvernorat de Siliana à l'Est.

La ville du Kef qui constitue le Chef lieu du gouvernorat se trouve au Nord et il est situé à environ 150 km au Sud-Ouest de Tunis, à 40 km au Sud de Jendouba, à 110 km au Nord de Kasserine et à 60 km à l'Ouest de Siliana.

II-Situation administratif :

Le découpage administratif du gouvernorat du Kef est cité par la carte agricole, ce gouvernorat est composé de 11 délégations et 87 secteurs dont la répartition géographique est présentée dans la carte administrative.

Dans le tableau 1, nous donnons la superficie et le nombre de secteurs par délégation.

Tableau n°1 : Superficie et secteurs par délégation

Délégation	Superficie		Nbre de Secteurs
	(ha)	%	
1- Kef-Ouest	20 770	4,1	03
2- Kef-Est	39 480	7,8	08
3- Nebeur	79 540	15,7	13
4- Sakiet Sidi Youssef	65 650	12,9	08
5- Sers	42 890	8,4	09
6- Dehmani	52 730	10,4	09
7- EL Ksour	45 410	8,9	06
8- Tejerouine	72 600	14,3	12
9- Kalaat Snane	51 340	10,1	09
10- Kalaa Khasbaa	20 320	4,0	04
11- Jerissa	17 370	3,4	06
Total	**508100**	**100**	**87**

Carte N°1 : Carte adminitrative du gouvernorat EL KEF

III-Les données climatiques :

Le gouvernorat du Kef qui fait partie des gouvernorats du Nord Ouest de la Tunisie, se caractérise par un climat continental, du fait de son éloignement de la mer. L'hiver est rigoureux et les températures sont faibles, les minimales sont parmi les plus basses de la Tunisie. Les tombées de neige sont fréquentes sur les collines. Les gelés sont fréquentes et tardives au printemps et la grêle aussi est fréquente, alors qu'en été les plaines sont exposées aux vents chauds continentaux et au sirocco. Ces caractéristiques climatiques ont des répercussions sur les rendements des cultures notamment dans certaines zones du gouvernorat.

D'après la carte des étages bioclimatiques, le gouvernorat du Kef appartient en grande partie à l'étage semi-aride à hiver frais.

Toutefois, la région Sud-ouest du gouvernorat (Kalaat Snane, Kalaa Khesba, Jerissa, Tejerouine, Sidi Rabeh) se caractérise par un climat aride supérieur.

Cependant, on trouve des zones au Nord-Ouest (Sakiet Sidi Youssef, Touiref) et au Nord-Est (Nebeur) et même au Sud-Ouest qui se caractérisent par un climat sub-humide à hivers frais.

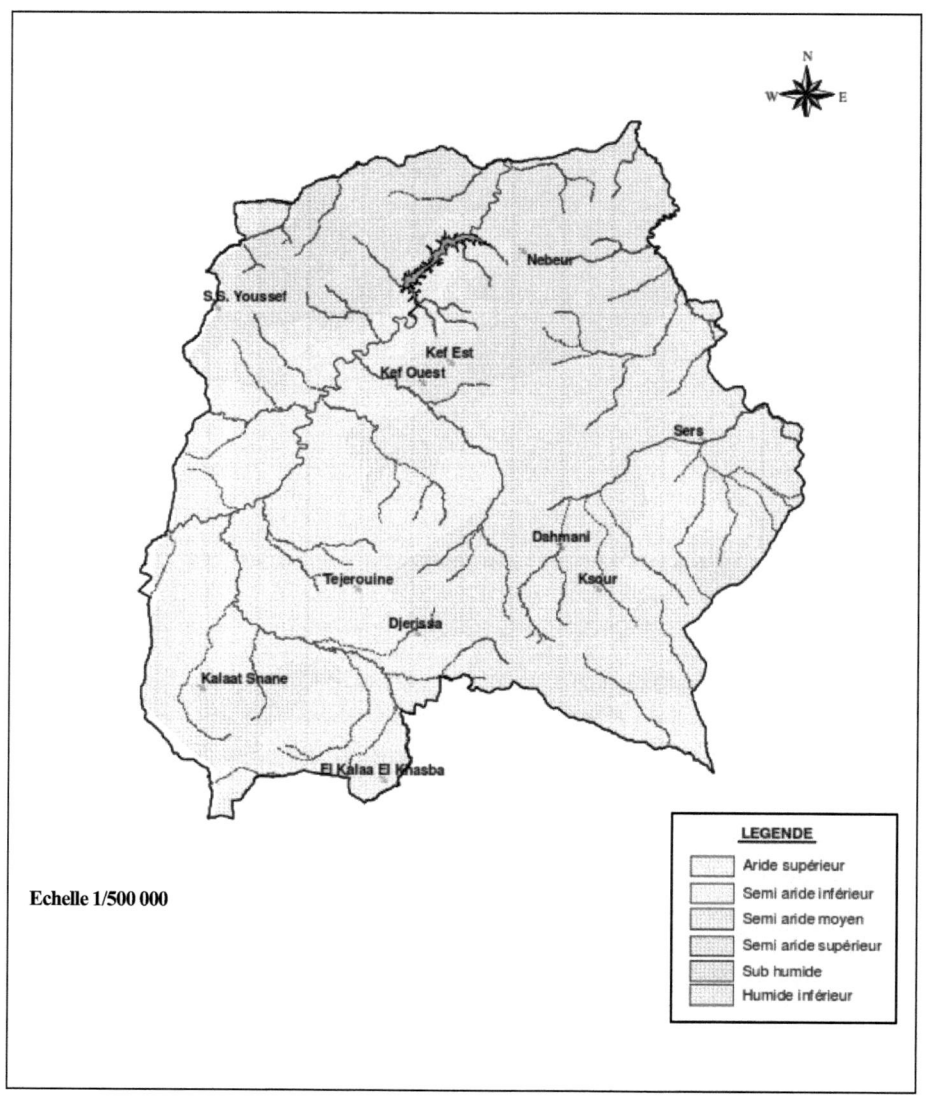

Carte n°2 : Carte des étages bioclimatiques du gouvernorat du Kef

1) La Température :

La température dans le gouvernorat du Kef varie d'une région à une autre, pour cette raison entre autres on dispose de plusieurs stations ayant des périodes d'observation assez longues, qui couvrent le gouvernorat du Kef et ses environs.

Le tableau présente la température moyenne mensuelle au niveau de ces différentes stations. A partir de ce tableau on remarque que la température à l'échelle du gouvernorat du Kef varie d'une zone à l'autre et ce en fonction de l'altitude et la situation de la zone.

Les faibles températures ont été enregistrées au niveau des stations du Kef, Zaafrana, Sakiet Sidi Youssef, Sers Gare et Tejerouine, qui représentent plus ou moins la partie centrale du gouvernorat, alors que des températures plus élevées ont été enregistrées au niveau des stations de Mellègue au Nord et Rebiba et Rouhia au Sud.

Les températures moyennes représentent la moyenne des températures maximales et minimales moyennes dont la différence constitue l'amplitude thermique qui est assez élevée pour le gouvernorat du Kef.

D'après la carte d'amplitude thermique de la Tunisie septentrionale (Fig. 4), le gouvernorat du Kef est subdivisé en 3 zones :

* Une zone Nord constituée par la bande Nebeur, Mellègue et Touiref et caractérisée par une amplitude thermique annuelle variant de 18 à 19°C.

* Une zone centrale constituée par la bande Sers, le Kef et Sakiet Sidi Youssef, et caractérisée par une amplitude thermique annuelle variant de 19 à 20°C.

* Une zone Sud constituée par la région d'el Ksour, Dehmani, Kalaa Khesba, Tejerouine et Kalaat Snane et caractérisée par une amplitude thermique annuelle supérieure à 20°C.

D'autre part, en plus de la variation de la température avec une amplitude moyenne de 18 à 21°C, celle-ci peut atteindre des valeurs extrêmes en hiver et en été.

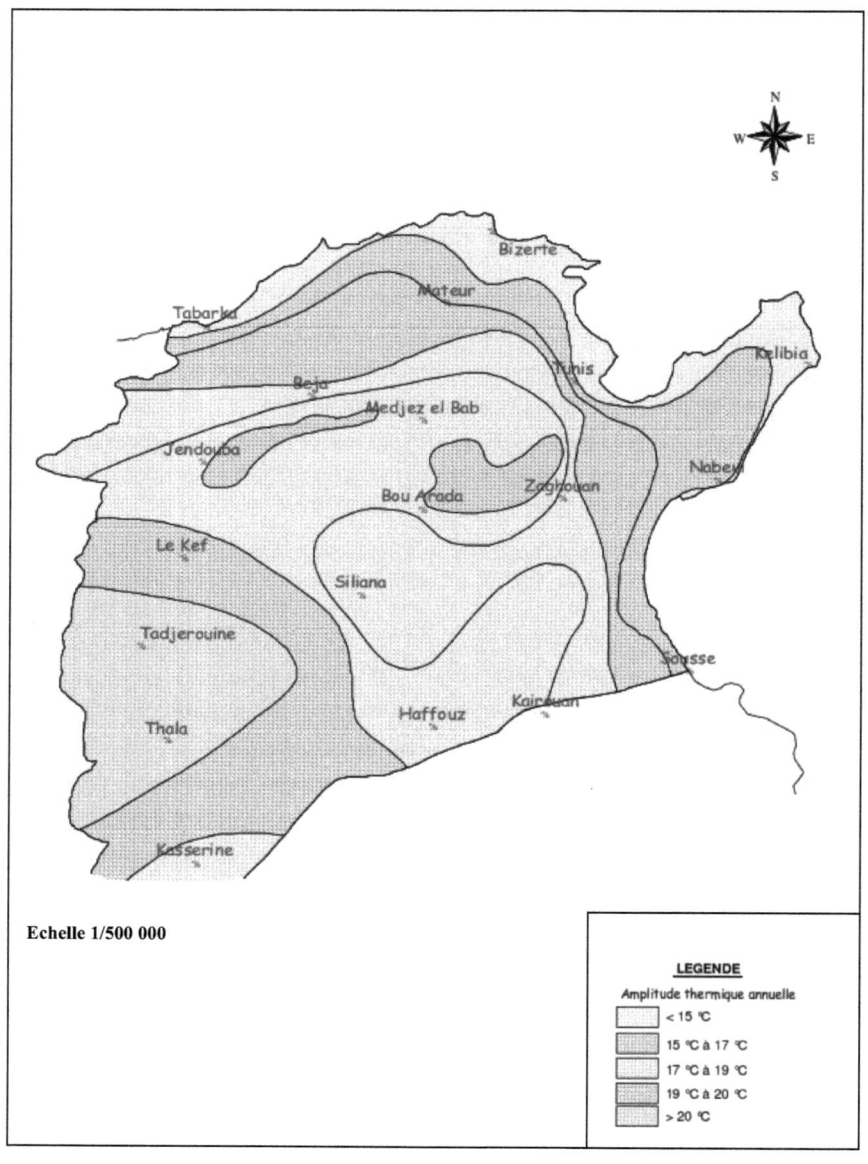

Carte n°3 : Carte des amplitudes thermiques du gouvernorat du Kef

2) L'évapotranspiration :

Pour l'étude de l'évaporation à l'échelle du gouvernorat du Kef, on s'est référé aux mesures disponibles au niveau des stations du Kef, de Siliana et de Sbiba et au niveau des barrages les plus proches. En effet, les mesures d'évaporation ne sont disponibles qu'au niveau de certaines stations climatologiques.

Dans le tableau 13, nous donnons un récapitulatif des données disponibles de l'évaporation moyenne mensuelle et annuelle.

Ce tableau montre que l'évaporation moyenne annuelle varie au niveau du gouvernorat du Kef et ses environs entre 1200 et 1400 mm/an.

D'autre part, d'après les annales de l'INRAT, l'ETP moyenne annuelle est estimée à la station du Sers Gare à 1197 mm.

Par ailleurs, d'après la formule de Blanney-Gridle, l'ETP moyenne annuelle est estimée à 1350 mm à la station de Makthar.

3) Le vent :

Malgré que le vent est un paramètre important du climat, les données le concernant, ne sont disponibles que pour certaines stations.

Pour le gouvernorat du Kef, nous disposons des données sur le vent au niveau des 3 stations du Kef, Sakiet Sidi Youssef Mine et Rebiba station qui est située à 5 km du Nord de Kalaat Snane. Ces données sont présentées dans le tableau :

Tableau n°2 : Direction des vents (%)

Station	Nord	Nord-Est	Est	Sud-Est	Sud	Sud-Ouest	Ouest	Nord-Ouest	Calme
Le Kef	26,5	9,0	8,7	5,0	6,5	6,8	18,0	14,5	5,0
Sakia Mine	12,5	4,3	4	1,6	1,3	4,6	25,7	37,3	8,8
Rebiba	33,4	2,5	3,4	1,2	9,0	2,5	34,0	10,0	4,0

L'examen de ce tableau montre que :

A l'échelle du gouvernorat les vents sont fréquents et soufflent presque de toutes les directions. En effet, les jours calmes varient de 4 à 9 %.

Dans la région du Kef, les vents dominants viennent principalement du Nord (27 %) et dans une moindre importance de l'Ouest (18 %) et du Nord-Ouest (15 %). En outre les vents venant du Sud (SE, S et SO) sont assez fréquents et représentent environ 18 %.
Dans la région frontalière de Sakiet Sidi Yousef, la direction des vents dominants est du Nord-Ouest (37 %) suivie de la direction Ouest (26 %). Toutefois par comparaison à la région du Kef, les jours calmes sont plus fréquents (9 % contre 5 %) et les vents du Sud sont moins fréquents (8 % contre 18 %).

Dans la région de Kalaat Snane au Sud du gouvernorat, les vents dominants, soufflent du Nord (33 %) et de l'Ouest (34 %). Cependant les vents du Sud sont assez fréquents (13 %).

4) **Pluviométrie :**

La pluviométrie au niveau du gouvernorat du Kef se caractérise par une variabilité spatiale assez importante. En effet, elle varie de 320 mm au niveau de la zone la moins arrosée située au Centre Ouest du gouvernorat, à 520 mm au niveau des zones les plus arrosées situées au Nord de Sakiet Sidi Youssef et de la ville du Kef.
La variabilité spatiale de la pluviométrie est plus marquée au niveau des zones Nord et Est du gouvernorat où la pluviométrie varie de 400 à 520 mm, qu'au niveau des zones Centre et Sud-Ouest où la pluviométrie varie de 320 à 380 mm.

IV-LE MILIEU PHYSIQUE

1-Le relief :

Le gouvernorat du Kef appartient à la grande région du Haut tell. Ce gouvernorat frontalier se caractérise par un relief accidenté et compartimenté avec des plateaux ondulés et des plaines alluviales souvent isolées qui s'étendent entre les montagnes. Les principales caractéristiques du relief du gouvernorat et la description des grandes unités morphologiques, sont présentées par le Modèle Numérique de Terrain.

Entre ces plaines et les versants montagneux en roches dures, existent des glacis encroûtés constituant des zones de transition très affectées par l'érosion.
L'altitude des montagnes varie entre 700 et 1200 m, alors que celle des plaines varie de 450 à 600 m, ce qui indique qu'il s'agit de hautes plaines.
D'autre part, le relief qui se caractérise par une alternance de montagnes et de plaines ou de plateaux, est orienté en général du Sud-ouest au Nord-est, de même direction que l'ensemble des plis de l'Atlas Tunisien.

Par ailleurs en ce qui concerne la morphologie, le gouvernorat du Kef est constitué de plusieurs zones ou unités morphologiques qui permet de subdiviser le gouvernorat en cinq parties physiques.

> **La partie Nord**

Constitue la zone la plus accidentée du gouvernorat. En effet, elle se caractérise par une alternance d'anticlinal et de synclinal de direction Sud-ouest/Nord-est, donnant lieu à un relief très accidenté et de fortes pentes.

Cependant, il existe de nombreuses dépressions qui contribuent à compartimenter le relief et à l'aérer tout en facilitant la circulation à travers cette zone.

Cette unité qui s'étend du Dyr el Kef jusqu'au gouvernorat de Jendouba, englobe plusieurs montagnes d'altitude variant de 600 à 1100 m et dont notamment Dyr el Kef (1085 m), jebel Grougit (796 m), Jebel el Ghozlen (752 m), jebel el Gfay (830 m), jebel Ettouila (568 m), jebel Echems (738 m), jebel Bou Rebat (742 m), jebel el Fayja 900 m), jebel Ghar Ettine (988 m), jebel Giboub (1059 m), jebel Takrouna (955 m), jebel Eddalga (1030 m) et jebel Ourgha (912 m). Entre ces montagnes, on note la présence de micro-plaines de faibles étendues telles que Sidi Khiar, Sidi Dhil, Oum Smara.

> **La zone du Centre Est**

S'étend du Dyr el Kef jusqu'à Dehmani et au niveau de laquelle on distingue un relief discontinu formé par jebel Maïza (887 m) à l'Est, jebel Lorbos (758 m) au milieu et jebel Ibba (820 m) et Kodiat Ziddine (737 m) vers l'Ouest. Cette séquence de montagnes s'étend versTejerouine par Kef Eslougui et jebel el Houdh (850 à 955 m) et vers le Nord par Kodiat el Mrah, Kef En Nouidhir et jebel Aragib (750 à 800 m). Entre ces différentes montagnes s'étendent les plaines des Zouarine à l'Ouest, la plaine du Sers à l'Est et la plaine du Kef Zaafrana au Nord.

> **La zone du Centre Ouest**

S'étend de Sakiet Sidi Yousef jusqu'à Ouled Bou Ghanem, au Nord de Kalaat Snane, et au niveau de laquelle on trouve un relief discontinu formé par djebel El Mina et jebel Saadin (600 à 800 m) au Nord, jebel Garen Halfaya (905 m) à l'Est, jebel Lejebel et jebel Harraba (976 à 1045 m) à l'Ouest et jebel Hmayma et jebel Slata (687 à 1081 m) au Sud. Entre ces différentes montagnes assez pointues s'étendent des zones à relief peu accidenté et de pentes assez faibles constituant des plaines assez étendues d'altitude moyenne de 500 m.

> **La zone du SUD-EST**

S'étend de Dehmani jusqu'aux environs de Rouhia. Cette zone qui se caractérise par un relief assez accidenté et des altitudes élevées variant de 800 à 1100 m, comprend le plateau de

Sra Ouertaine situé au Nord de la plaine de Rouhia et constitué par les glacis et les piemonts des jebels de Esmida (1050 m) à l'Est, de Bou Garfa et Ouled Soltan (1042 m) au Nord et d'el Ayata et Erouis (1050 à 1100 m) à l'Ouest. Ce plateau est traversé par les affluents amont d'oued Babbouche en particulier oued Slama.

D'autre part, cette zone englobe plusieurs montagnes situées au Sud et à l'Ouest d'el Ksour, dont notamment jebel el Zallez (1018 m), Jebel el Khazzen (930 m), jebel Bou Garfa (1042 m) et jebel Hadida (928 m).

> **La zone Sud-Ouest**

S'étend de Jerissa et Tejerouine jusqu'a Kalaa el Khasba et Kalaat Snane et qui constitue le bassin versant Médian d'oued Serrat. Cette zone qui se caractérise globalement par un relief peu accidenté et à pente assez faible, comprend une partie à relief accidenté située à l'Est de Kalaat Snane. Cette partie est formée par la table de Jugurtha (1271 m) qui est entourée par jebel Bou Jefna (1050 m) et jebel Mzila (1047m).

En effet, cette zone est dominée par 3 sous zones de pente assez faible, à savoir Henchir de Ouled Bou Ghanem à l'Ouest, Henchir d'Ezghalma au Sud et Henchir d'el Khmamsa à l'Est.

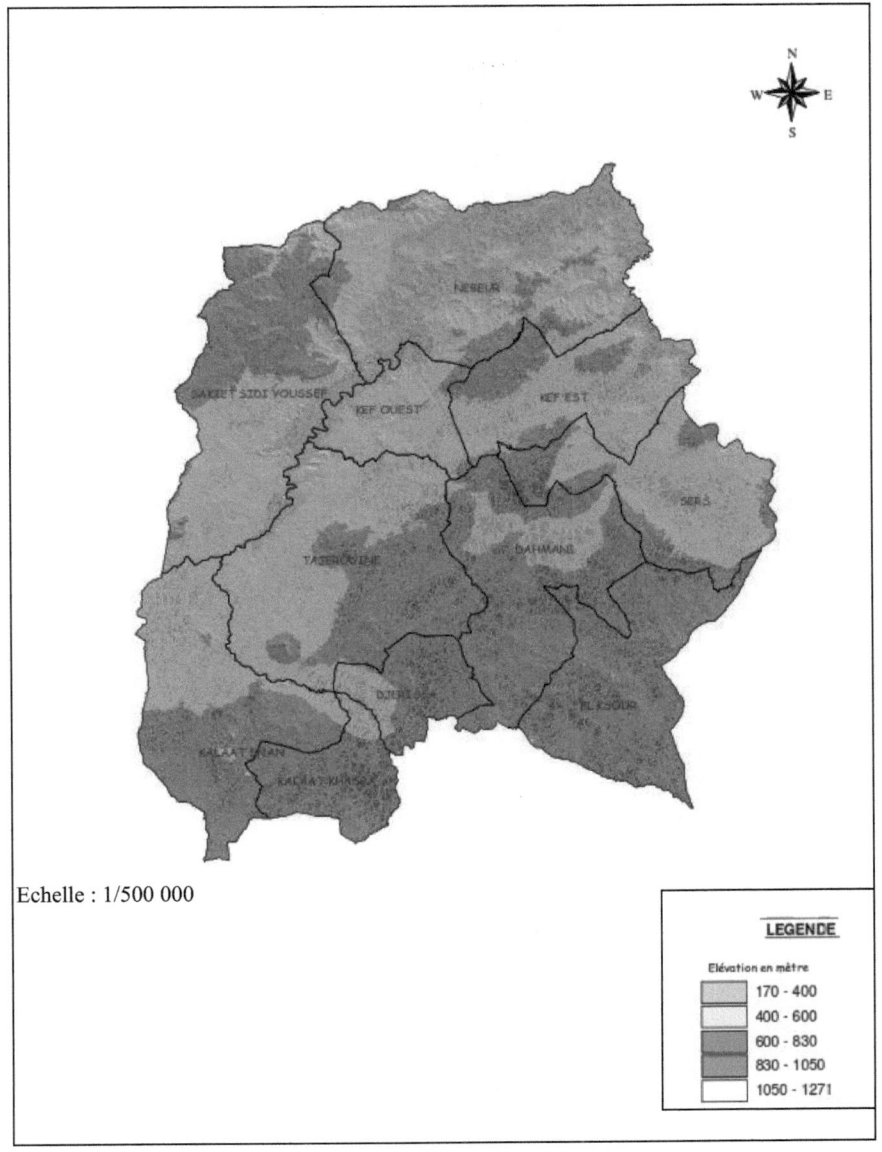

Echelle : 1/500 000

Carte n°4 : Modèle numérique du terrain du gouvernorat du Kef

⬥ Les pentes du terrain

En plus de la présentation des principales caractéristiques du relief du gouvernorat, la carte des pentes nous permet de déterminer les superficies de chaque classe de pente qui sont présentées dans le tableau suivant :

Tableau n°3 : Classe des pentes des reliefs du gouvernorat du Kef

Classe de pente	Superficie	
	(ha)	(%)
<5%	255 550	50
5 à 10%	119 510	24
10 à 15%	61 260	12
15 à 20%	45 590	9
20%	26 190	5
Total	508 100	100

(Source : Plan régional de lutte contre la désertification du gouvernorat de Kef)

L'examen de ce tableau montre ce qui suit :
- Presque la moitié des terres présentent des pentes assez faibles inférieures à 5 %,
- 24 % des terres présentent des pentes moyennes de 5 à 10 %,
- 12 % des terres présentent des pentes relativement fortes de 10 à 15 %,
- Environ 14 % des terrains présentent des fortes pentes supérieures à 15 %.

D'après ces résultats, environ 26 % de la superficie du gouvernorat présentent une pente supérieure à 10 %, et qui sont menacées par une érosion forte (un des facteurs importants qui influe sur la désertification).

Il est à signaler que compte tenu des courtes zones de transition entre les montagnes et les plaines, une bonne partie de ces dernières sont le siège d'érosion forte malgré leur faible pente. En effet, les ruissellements violents descendent directement dans les plaines causent l'inondation et l'érosion des terres fertiles de faible pente qui seront par conséquent sensible à la désertification.

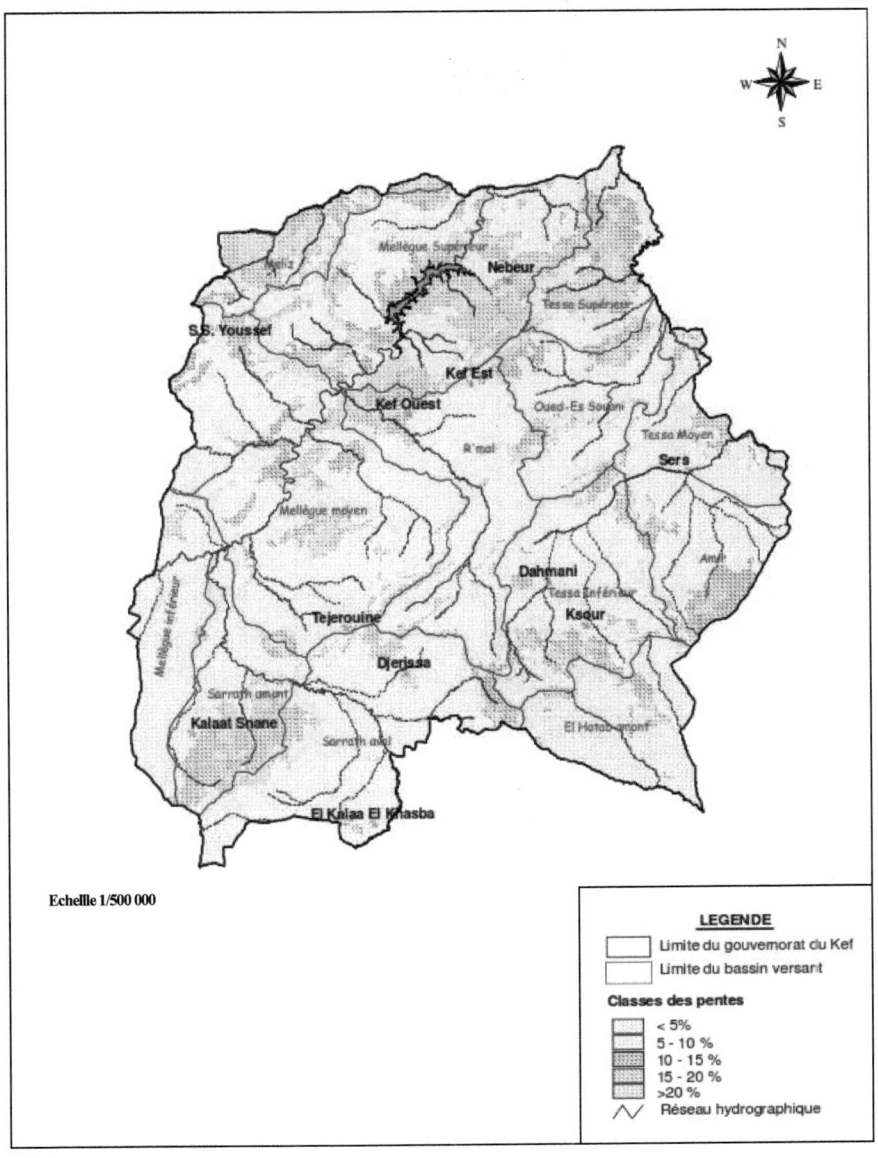

Carte n°5 : Carte des pentes du gouvernorat du Kef

2. Les données géologiques :

Les principales formations géologiques dominantes au niveau du gouvernorat du Kef sont les suivantes :

-Trias : le gouvernorat du Kef couvre une zone des diapirs qui apparaissent sous forme de petites zones dispersées le long de l'axe de la dorsale. La plus vaste zone couverte par le trias est située le long de l'Oued Mellègue supérieure s'étant de la frontière Tuniso-algérienne jusqu'à Djebel Dabadib à l'Ouest de la ville du Kef.

-Crétacé : le crétacé domine toute la zone montagneuse du gouvernorat. Il se distingue par l'alternance de marnes, marno-calcaire.

-Eocène : les formations de l'éocène contrastent par la nature de leurs roches affleurantes. Sur la première formation, l'érosion est très prononcée le substrat géologique.

-Oligocène : il est représenté par la seule formation de l'oligocène-miocène moyen contenant des marnes, des grés et des glauconites. Elle affleure sur de très faibles surfaces au niveau de Djebel Ouergha et à l'Est de Djebel Halfaya.

-Miocène et Pliocène : ils sont représentés respectivement par le miocène supérieure ou affleurent les argiles, les grés et les conglomérats et le moi-pliocène continental avec presque le même affleurement ou le gré est remplacé par le sable. Ces formations, malgré la présence de l'argile, ont une certaine perméabilité ce qui les rend moins vulnérables à l'érosion que les formations marneuses.

3. les données pédologiques :

Le gouvernorat du Kef est caractérisé par une lithologie sédimentaire et un climat semi-aride et subhimide ; ces facteurs ont conditionné la pédogenèse de cette région. En outre, le facteur humain devient de plus en important dans l'évolution des sols et la pression démographique s'intensifie sur le milieu naturel. La dégradation des sols en est une conséquence directe.

Les principaux types de sols rencontrés au niveau du gouvernorat du Kef, sont les suivants :

a. Les sols minéraux bruts et les sols peu évolués :

Comme leur nom l'indique les sols minéraux bruts et les sols peu évolués n'ont que peu évolués n'ont que peu ou pas de marque de développement d'horizons pédogénétique.

Les sols minéraux bruts et peu évolués d'apport fluviatile se trouvent sur les terrasses et les plaines alluviales. Ils sont profonds de texture variable et sable vis-à-vis l'érosion.

Quant aux minéraux bruts et peu évolués d'apport colluvial accompagnent généralement les bas des versant marneux érodés et toujours vulnérables à l'érosion.

Compte tenu de l'importance de l'érosion dans le gouvernorat les sols minéraux bruts d'érosion sont très prépondérants sur les collines, principalement celles du centre et sud du Kef.

b. les vertisols :

Les vertisols sont caractérisés par un profil à horizon très peu différenciés dus aux mouvements internes attribuables à une forte teneur en argile gonflante d'une saison humide et d'une saison sèche leur conférant un fendillement accentués en été et gonflement en hiver.

Dans les plaines alluviales notamment dans les zones dépressionnaires ou à drainage interne défectueux, on observe le développement des vertisols liés à la présence d'alluvions fines riches en argile gonflante. Les conditions de drainage externe permettent de distinguer deux sous classes :

-Sous classe des vertisols à drainage externe nul ou réduit.

-Sous class des vertisols à drainage externe possible.

Le premier sou classe appartient aux zones planes et déprimés et présentant un pédoclimat très humide pendant de longue périodes. Cas des plaines de Dahmani, de Tejerouine, du Kef et du Ses.

La deuxième sous classe appartient aux formations de pente.

c. les sols calcimagnésiques :

Les sols calcimagnésiques se développent sur les roches riches en ion alcalino-terreux. La prédominance de roches calcaire ou le calcium est présent en grande quantité, a eu lieu des conséquences sur la morphologie et le caractère du profil.

Le gypse est représenté en très faible quantité sur les formations triasique et l'altération assez poussée des sols a fait disparaitre le gypse. Ce sont les sols carbonatés qui dominent. Ces derniers évoluent vers une morphologie particulière suivant qu'ils se forment sur une roche calcaire tendre ou un roche dure.

d. les sols bruns calcaires et rendzines :

Ainsi deux principaux types de sols se distingues, les sols à horizon unique (rendzine) accompagnent le calcaire dur ou la croute calcaire à faible profondeur et les sols à deux horizons (sol brun calcaire). Se forment sur les marnes, les alluvions et colluvions et calcaires, les limons calcaires et l'encroutement calcaire.

- Rendzines : sont des sols qui ont un horizon de surface assez foncé caractérisé par une teneure matière organique élevée (2 à 4%) une structure grenue à grumleuse, reposant

directement sans transition sur un substrat cohérent calcaire qui est soit la croute calcaire.
- Sols bruns calcaire : sont formés essentiellement sur des roches tendres calcaires (argile, calcaire et marne). Ce sont des sols classés parmi les sols moyennement profonds et assez fertiles car ils reposent sur une assie capable d'emmagasiner suffisamment d'eau. Localisés généralement sur les pentes, ils n'arrivent pas à absorber toutes les eaux des pluies d'où leur aménagement par les travaux CES s'impose.

e. les sols isohumiques :

Les sols isohumiques évoluent en favorisant une accumulation de matière organique sur toute la profondeur du sol.

Les sols isohumiques sont en général plus profonds que les sols calcimagnésique et reposent sur des matériaux peu cohérents exploitables par les racines profondes. Ils ont une matière organique bien évoluée repartie sur toute la profondeur du sol. Les sols chatains sont les plus riches en matière organique (3 à 4%) que les sols bruns isohumiques.

f. les sols hydromorphes :

Les sols hydromorphes évoluent sols la présence d'un excès d'eau affectant une partie ou la totalité du profil. Cet excès qui oriente l'humification des sols assez riches en matière organique fournit des humus grossiers et affecte les minéraux par une réduction et une redistribution du fer.

Leur extension est limitée, ils occupent les dépressions des plaines alluviales formées de matériaux très peu perméable. Ils sont lourd, massifs en été et embourbant en hivers.

g. les sols fersialitques :

Ils sont peu représentés. Il figure sur les hauteurs accompagnant les roches dures évoluant sous un climat assez humide (subhumide). Ils associés avec des rendzines rouges et des lithosols.

Les sols rouges les plus profonds sont ceux formés sur des alluvions et colluvions triasiques riches en fer et très calcaire.

4. Les ressources hydrauliques :

a. Les eaux de surface :

Le réseau hydrographique du gouvernorat du Kef est équipé de 7 stations de mesures hydrométriques sur les principaux oueds, Mellègue, Serrat et Tessa et sur certains autres oueds (R'mal, Souani, Izid, Hidra).

Le gouvernorat du Kef dispose des ressources propres en eau de surface et des ressources partagées avec l'Algérie et les 2 gouvernorats limitrophes, Kasserine et Siliana. En effet, l'oued Mellègue présente un bassin versant amont de 6 150 km² en Algérie, oued Serrat présente un bassin versant amont de 1 200 km² dans le gouvernorat de Kasserine et pour oued Tessa la majeure partie des sous bassins de la rive droite qui couvrent environ 900 km² se trouve dans le gouvernorat de Siliana.

D'après l'étude des apports des sous bassins le gouvernorat dispose d'environ de 128 Mm^3 de ressources propres en eau de surface alors que les ressources partagées sont estimées à environ 160 Mm^3.

C'est ainsi qu'en considérant qu'environ 60 % des ressources partagées reviennent au gouvernorat du Kef, les ressources en eau du gouvernorat sont portées à environ 225 Mm^3 qui correspondent à 10 % près aux estimations faites par l'Arrondissement des Ressources en Eau du CRDA.

En effet, d'après les données du CRDA, les ressources en eau de surface du gouvernorat du Kef sont de l'ordre de 250 Mm^3, dont 86 % sont mobilisables par les divers ouvrages hydrauliques soit environ 214 Mm^3. Ces ressources ont été estimées sur la base des apports des oueds Mellègue (180 Mm^3) et Tessa (70 Mm^3). La salinité de ces eaux est généralement supérieure à 4 g/l.

b. les eaux souterraines :

Les ressources en eau souterraines du gouvernorat du Kef sont d'environ de **73 Mm^3**, répartis comme suit :

- 25 Mm^3 pour les nappes phréatiques,
- 48 Mm^3 pour les nappes profondes.

➢ **Les nappes phréatiques :**

L'exploitation globale des nappes phréatiques est estimée à 26 Mm^3, correspondant à un taux d'exploitation de 103 %. Cependant à l'échelle de chaque nappe le taux d'exploitation varie de 32 à 320 %, ce qui nécessite d'une part la mise en œuvre de programmes de recharge à court et moyen terme au niveau des nappes surexploitées et celles ayant un taux d'exploitation supérieur à 80 % et d'autre part l'utilisation des techniques d'économie d'eau.

➢ **Les nappes profondes :**

Les nappes profondes qui sont globalement sous-exploitées (26 %) constituent une ressource en eau potentielle (réserve de 34 Mm^3) permettant le développement agricole du gouvernorat. L'utilisation des nappes profondes est répartie avec des proportions proches entre l'usage agricole (50 %) et pour l'alimentation en eau potable (43,5 %).

5. Erosion :
a. Erosion hydrique :
i. Définition :

Le mot érosion vient du verbe latin « erodere » qui signifie ronger (FAO, 1994). Elle l'ensemble des phénomènes qui contribuent, sous l'action d'un agent climatique, notamment l'eau, à modifier les formes de relief.

L'érosion hydrique est composée d'un ensemble de processus complexes interdépendants qui provoquent le détachement et le transport des particules de sol sous différentes formes. Elle se définit comme la perte de sol par arrachement et transport de la terre vers un lieu de dépôt (Roose, 1977).

Le phénomène d'érosion hydrique est le résultat de l'action combinée de plusieurs processus dont le détachement, le transport et le dépôt de particules, sous l'action de la pluie et du ruissellement (Echeverria, 2006).

Selon Le Bissonnais (2008), l'érosion est au départ un défaut d'infiltration lié à une dégradation de la surface des sols sous l'action des pluies. La pluie et le ruissellement agissent sur les sols cultivés, générant et exportant les fragments de terre. Au sein des terres agricoles, cette érosion entraîne une dégradation du potentiel de production des sols (Leguedois, 2003). La pluie est reconnue depuis longtemps comme un agent essentiel de l'érosion des sols (Ellison, 1944).

ii. Mécanisme et processus de l'érosion hydrique :

Généralement, les processus à l'origine de l'érosion hydrique des sols sont classés en deux grandes catégories : le détachement et le transport (Ellison, 1944 ; Rose, 1985 ; Kinnell, 2000). Après le détachement, les particules sont véhiculées par un agent de transport vers un bassin de sédimentation.

Les principales variables qui contrôlent le détachement et le transport de ces particules sont la pente, la vitesse et l'épaisseur de l'écoulement (Gimenez et Govers, 2002).

> **Le détachement :**

Le détachement des particules se produit à la surface du sol lorsque, sous l'action des gouttes de pluie, des agrégats éclaboussent ou lorsque la force de cisaillement devient supérieure à la résistance au détachement du sol. L'impact des gouttes de pluie a pour effet de désagréger les éléments présents à la surface du sol pour donner lieu à des agrégats de plus petite taille et des particules élémentaires (Nord, 2006). La désagrégation rend la surface du sol plus compacte et tend à diminuer la rugosité au fur et à mesure de l'exposition à la pluie.

Ces effets dépendent de l'énergie cinétique des gouttes de pluie et des propriétés de la surface du sol.

> **Le transport :**

Les particules issues de la désagrégation du substrat rocheux et du sol sont déplacées vers l'aval par différents agents de transport (eaux, glacier, vent). Au niveau des chenaux fluviatiles on peut rencontrer une charge sédimentaire contenant des éléments de différentes tailles. En fait, la compétence du courant fluviatile est à l'origine de la taille des particules. Les particules fines en suspension dans l'eau vont être transportées plus loin et déposées soit dans un bassin de sédimentation soit au moment ou la compétence du courant devient très faible. Dans les chenaux torrentiels par exemple, on rencontre des éléments arrachés au substrat ayant des tailles métriques, en raison de la forte compétence du courant. Les grosses particules telles que les cailloux et les blocs peuvent également se déplacer sous l'effet de la pesanteur (gravité).

Par ailleurs, la fraction fine (silts et argiles) arrachée au substratum rocheux ou d'un dépôt préexistant peuvent être reprises en suspension dans l'air et parcourir des distances allant de quelques mètres jusqu'à des milliers de kilomètres avant de se déposer.

> **Le dépôt :**

Le dépôt des apports sédimentaires s'effectue lorsque l'énergie cinétique du courant, qui déplace les matériaux issus du détachement, diminue ou s'annule (Georges, 2008). Les particules arrachées sont déposées à différents endroits entre le lieu d'origine et le bassin de sédimentation.

b. **Importance de l'érosion en Tunisie :**

L'érosion hydrique est particulièrement importante dans les montagnes, les piémonts, les glacis (décapage des croute calcaires et gypseuses sur les glacis encroutés, troncature en nappe des sols et apparition de rigoles sur les glacis d'accumulation) et le long des berges des oueds (sapement des berges et décapages du fond des lits des oueds qui entrainent, par les dépots de leurs charges, des remaniements de leurs zones d'épondage ou des dépression en l'absence d'aménagements adéquats et de bonnes pratiques culturales, la substitution progressive des sols par leurs facies peu évolués et, en définitive, par leurs facies bruts, donc les roches mères.

L'érosion hydrique actuelle totalise une superficie de 8.5 millions d'ha, concernée par une érosion moyenne à forte. La superficie touchée par une érosion hydrique forte est estimée à 8 millions d'ha (51.9% de la superficie totale du pays) et une superficie de 0.5 millions d'ha, touchée par une érosion hydrique moyenne.

Tableau n°4 : Importance spatiale de l'érosion hydrique à l'échelle nationale

Erosion hydrique	Superficie	
	Ha	%
Faible	5959945	38,2
Moyenne	399601	2,6
Forte	8092360	51,9
Autres	1139113	7,3
Total	15591020	100,0

(Source : Ministère de l'environnement)

c. Les facteurs de l'érosion en Tunisie :

i. Les facteurs naturels :

❖ **Climat et Hydrologie :**

Le gouvernera du Kef se caractérise par un climat variant du subhumide à hivers froid au Nord de Skiait Sidi Youssef, à l'aride supérieure dans la région Sud-ouest. En effet, la grande partie du gouvernorat appartient à l'étage bioclimatique semi-aride à hivers froid. D'autre part, son altitude assez élevées (moyenne de 700m), et son éloignement de la mer lui confèrent un climat à nuance continental surtout dans les dépressions.

Les précipitations sont irrégulières d'une année à l'autre. La moyenne annuelle est de 512 mm, le maximum est atteint en décembre-janvier avec 65 mm, puis les quantités diminuent pour atteindre leur minimum en juillet avec 9 mm.

L'altitude contribue à augmenter le volume des précipitations qui dépasse 600 mm sur les montagnes du Nord Ouest et diminue sensiblement vers le sud (les plaines) qui ne recoivent qu'une moyenne de 400mm par an.

Par ailleurs, le régime pluviométrique se caractérise par une irrégularité interannuelle et inter saisonnière et des pluies érosives à caractère orageux et intense. En effet, les violents orages se produisent en général sur les montagnes en engendrant des écoulements violents dans les oueds entrainant l'intensification du ravinement et l'érosion des berges qui donne des transports solides importants provoquant l'envasement rapide des retenues d'eau.

❖ **Géomorphologie et reliefs :**

Le gouvernorat du Kef est situé dans la région du Tell supérieur, son relief se compose de chaînes montagneuses dotées d'une altitude moyenne de 700 mètres. Parmi les principaux massifs montagneux (djebels) figurent le Djebel Lobreus (809 mètres), le Djebel El Houdh

(955 mètres), le Djebel Maïza (887 mètres), la Table de Jugurtha (1 255 mètres), le Djebel Slata (1 103 mètres) et le Djebel Eddyr (1 084 mètres).

❖ La végétation :

La forêt qui, à l'époque romaine, couvrait une superficie de 3 Millions d'ha, a été réduite à 1250 000 ha à la fin du 19 ème siècle et à 370 000 ha à l'indépendance (1956).

Actuellement le taux de boisement est de 7 % de la superficie totale du pays (hormis la partie des terres non agricoles) alors que le taux optimum est de 15 %.

Les parcours sous foret soumis au régime forestière sont en état satisfaisant, alors que le reste est soumis à une exploitation irrationnelle est envoie de dégradation continue. La production pastorale qui est estimé à 320 millions UF ne couvre que 16% du besoin actuel du cheptel.

ii. Les facteurs humains :

❖ La colonisation :

Les colons étrangers qui controlaient et exploitaient les meilleures terres agricoles de la Tunisie, ont poussé l'administration coloniale à chercher de nouvelles terres dans le domaine forestier. En 1920, des superficies importantes de terres forestières ont été déclassées au profit de nouveaux colons qui venaient de s'installer en Tunisie.

D'auter part, l'occupation des plaines par les colons a eu pour effet le refoulement de la population paysanne vers les piedmonts et les terres marginales en pente qui ont été défrichées, labourées et mises en culture.

❖ Extension incontrôlée de la céréaliculture :

La pression démographique qu'à connu la Tunisie ces dernières années, a engendré des besoins alimentaires que la superficie agricole existante était insuffisante de les produire en totalité, ce qui a entrainé la mise en culture d'autres superficies au détriment des parcours et des forets.

❖ Le surpâturage :

La mise en culture des terrains de parcours s'est traduite par le défrichement d'importants espaces pastoraux très sensibles à l'érosion.

D'autre part, le labour des piedmonts, des sols marginaux et des collines abruptes a réduit considérablement la superficie pastorale. Le cheptel a augmenté en nombre sous l'effet de l'accroissement démographique et la densité de bétail sur le parcours s'est accrue et devenue intense. Les superficies pâturées ont été surchargées et de ce fait la dégradation du couvert végétal est accélérée causant ainsi le déclenchement du phénomène de l'érosion.

❖ **L'accroissement démographique :**

En 1945, la population tunisienne comptait 3 Millions d'habitants actuellement elle est de l'ordre de 8 millions d'habitants.

Cet accroissement démographique a conduit défrichement considérable de la végétation naturelle, considérée comme étant la meilleure protection anti-érosive des sols. Il a également entrainé la mise en culture de terrains auparavant utilisés comme parcours, étendant les labours à des sols marginaux accidentés, très sensibles à l'érosion.

❖ **Les techniques culturales non adaptées :**

Comme pratiquée en Tunisie ? les techniques culturales inadaptées au milieu, présentent des inconvénients graves dus essentiellement à la mécanisation agricole non appropriée.
En effet, l'emploi d'intruments de travail du sol avec retournement a accéléré la destruction de la structure du sol par la pulvérisation de la terre en surface.
D'autre part l'action d'un outil dépend pour une très large part de l'état du sol au moment du travail.

d. **les formes de l'érosion :**

i. **Erosion en nappe :**

C'est le stade initial de la dégradation des sols par érosion. Cette érosion en nappe entraine la dégradation du sol sur l'ensemble de la surface, autrement dit c'est une forme d'érosion diffuse. Elle set caractérisée par une eau de ruissellement sans griffes ou rigoles visibles. Sous l'effet de l'impact des gouttes de pluie (effet spash), les particules sont arrachées et transportées. Se phénomène est observée sur les pentes faibles ou l'eau ne peut pas se concentrer.

ii. **Erosion en ravins :**

Le ravinement constitue un stade avancé de l'érosion. Il est favorisé sur les versants nus et sur les terrains imperméables soumis à des précipitations pluvieuses courtes mais intenses. Les dégâts causés sont d'autant plus important que la stabilisation et la réparation de cette forme d'érosion sont les plus couteuses de tous les travaux de lutte contre l'érosion. L'approfondissement des ravines remontent du bas vers le haut de la pente (érosion régressive)

iii. Erosion linéaire :

lorsque l'intensité des pluies dépasse la capacité d'infiltration de la surface du sol, il se forme d'abord des flaques ; ensuite ces flaques communiquent par les filets d'eau et lorsque ces filets d'eau ont atteint une certaines vitesses,25cm par seconde, ils acquièrent une énergie propre qui va créer une érosion limitée dans l'espace par des lignes d'écoulement. Cette énergie n'est plus dispersée sur l'ensemble de la surface du sol, mais elle se concentrer sur des lignes de plus fortement .L'érosion linéaire est donc un indice que le ruissellement s'est organisé, qu'il a pris de la vitesse et acquis une énergie cinétique capable d'entailler le sol et d'emporter des particules de plus en plus Gross : non seulement des argiles et des limons comme l'érosion en nappe sélective, mais des graviers ou des cailloux et même des blocs.

L'érosion linéaire est exprimée par tous les creusements linéaire qui entaillent la surface du sol suivant diverses formes et dimensions (griffes, rigoles, ravines ? etc....). En fait, L'érosion linéaire apparait lorsque le ruissellement en nappe s'organise, il creuse des formes de plus en plus profondes. On parle de griffes lorsque les petits canaux ont quelques centimètres de profondeur, de rigoles lorsque les canaux dépassent 10 cm de profondeur mais sont encore effaçables par les techniques culturales. En effet, sur un bassin versant ou une parcelle, l'érosion en rigole succède à l'érosion en nappe par concentration du ruissellement dans les creux. A ce stade, les rigoles ne convergent pas mais forment des ruisselets parallèles.

iv. L'érosion en griffes ou rigoles :

L'érosion en rigoles est un type d'érosion linéaire caractérisé par des traces d'écoulement dont la largeur et la profondeur sont de 2 cm au moins et la profondeur centrale inférieure à 10 cm. Les rigoles se forment lorsque les eaux de surface s'écoulent de manière concentrée. Ce phénomène a de multiples causes : dépressions du terrain rassemblant les eaux de pluie, écoulement dans des traces de passage ou des raies de labour, résurgence d'eaux de pente ou d'eaux étrangères à la parcelle. Une à plusieurs rigoles peuvent se former et leur largeur peut atteindre plusieurs mètre.

v. L'érosion en masse :

Alors que l'érosion en nappe s'attaque à la surface du sol, le ravinement aux lignes de drainage du versant, les mouvements de masse concernent un volume à l'interieur de la couverture pédologique. On attribue à l'érosion en masse tout déplacement de terre selon des formes non définies, comme les mouvements de masse, les coulées de boue et les glissements de terrain. Dans ce cas, seul l'Etat dispose des moyens techniques, financiers et légaux, pour maitriser les problèmes de glissement de terrain, souvent catastrophiques, et pour imposer des restrictions d'usage aux terres soumises à des risques majeurs de mouvement de masse.

e. les conséquences de l'érosion hydrique :

Les conséquences de l'érosion sont multiples et variées et elles se manifestent sous plusieurs aspects dont les plus graves sont les suivants :

❖ **Perte du capital sol :**

En Tunisie, les terres menacées par l'érosion couvrent une superficie de 3 Millions d'ha dont 1,5 Millions d'ha sont gravement affectés, ce qui se traduit par une perte annuelle de 10 000 ha de terre agricoles.

La perte du sol se traduit par une réduction systématique de la fertilité des terres agricoles et une diminution des rendements.

❖ **Envasement et colmatage de l'infrastructure hydraulique :**

La Tunisie est dotée d'une infrastructure hydraulique dont dépendent le développement agricole et dans une large mesure le développement économique.

Comme conséquence de l'érosion, cette infrastructure est menacée par l'envasement prématuré des barrages et le colmatage des réseaux d'irrigation et de drainage.

En effet, en moyenne 25 Millions de m3 de sédiments se déposent annuellement dans les retenues des barrages, ce qui se traduit par une perte de la capacité de stockage du même volume d'eau chaque année.

❖ **Inondation st stérilisation des plaines :**

Les inondations résultent d'un certain nombre de conditions météorologiques avec une origine, des caractéristiques et une durée différentes.

Certains régions du pays sont périodiquement envahies par les inondations dont les dégâts causées, chaque fois, sont évalués à plusieurs millions de dinars.

Par ailleurs, les eaux de rutilement déferlent sur les plaines balayant et détruisant sur leur passage les cultures qui s'y trouve et inondent chaque fois des dizaines de milliers d'ha de terres agricoles.

f. Erosion dans le gouvernorat du Kef :

La carte d'érosion a pour objectif de déterminer l'importance de l'érosion actuelle et la répartition spatiale des zones érodées afin d'en tenir compte dans le choix des zones prioritaires d'intervention.

Il s'agit d'une cartographie de l'état actuel de l'érosion, basée sur le strict examen de terrain. Cette cartographie a distingué les zones de collecte et de concentration des eaux de celles d'enlèvement et de transport des matériaux.

Les premières zones sont constituées par les unités de relief, qui selon la pente, la géologie et la couverture végétale, se différencient par trois degrés de potentialité érosive (forte, moyenne et faible).

Les secondes zones, sont constituées par les versants montagneux à pente forte à moyenne ainsi que les hauts et moyens piedmonts. Ce sont les zones affectées par les différents processus érosifs.

Selon l'importance de ces processus, on distingue les zones peu affectées, les zones moyennement affectées et les zones très affectées par l'érosion.

i. Les zones d'érosion :

Pour simplifier l'élaboration de la carte d'érosion, dans le cadre de la présente étude, nous avons adopté 4 types de zones d'érosion selon le degré d'affectation qui sont comme suit :

- ❖ **Zones d'érosion forte :**

Elles sont constituées par les zones à potentialité érosive forte et les zones fortement affectées par l'érosion, correspondant généralement aux terrains en forte pente, aux parcours dégradés, et à des sols meubles, et au niveau desquelles, on trouve un décapage superficiel intense avec un ravinement généralisé et hiérarchisé.

- ❖ **Zones d'érosion moyenne :**

Elles sont constituées par les zones à potentialité érosive moyenne et les zones moyennement affectées par l'érosion, correspondant généralement aux terres de cultures en pente moyenne, et à des sols relativement résistants et au niveau desquelles, on trouve un décapage superficiel moyen avec un ravinement individualisé et généralisé ou un décapage superficiel intense avec un ravinement individualisé.

- ❖ **Zones d'érosion faible :**

Elles sont constituées par les zones à potentialité érosive faible et les zones faiblement affectées par l'érosion, correspondant généralement aux terres de cultures en pente faible à moyenne et au niveau desquelles, on trouve un décapage superficiel faible à moyen avec ou non un ravinement individualisé.

❖ **Zones d'érosion très faible :**

Elles sont constituées par les zones stables les zones très peu affectées qui sont assez stables et qui correspondent généralement soit aux terres de cultures en faible pente et au niveau desquelles, on trouve un faible décapage superficiel avec ou non un ravinement élémentaire, soit aux forêts denses et stables.

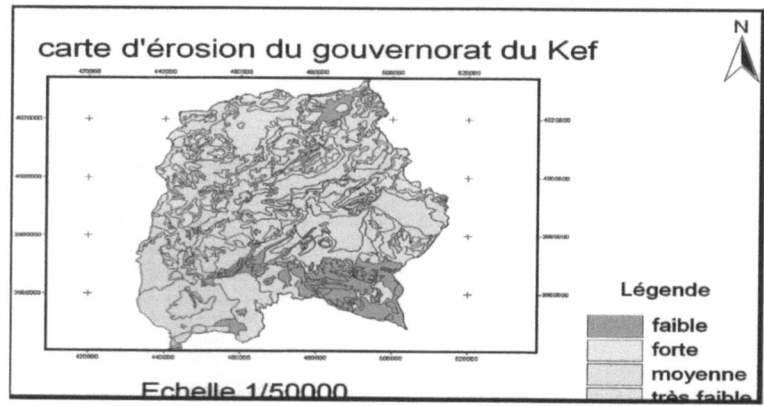

Carte n°6 : Carte d'érosion du gouvernorat du Kef.

ii. Importance de l'érosion :

La carte d'érosion a été établie selon les 4 classes de zones d'érosion décrites ci-dessus, ce qui nous a permis de déterminer l'importance de chaque classe d'érosion à l'échelle du gouvernorat.

Dans cet tableau, nous présentons l'importance (en ha et %) des différentes zones d'érosion à l'échelle du gouvernorat.

Tableau n°5: Importances des zones d'érosion

Zones d'érosion	Imporatnce	
	(ha)	(%)
1. Zone d'érosion forte	118 100	23
2. Zone d'érosion moyenne	194 400	38
3. Zone d'érosion faible	105 700	21
4. Zone d'érosion très faible	89 900	18
Total	**508 100**	**100**

L'examen de ce tableau montre que :

- Le gouvernorat du Kef est très affecté par l'érosion. En effet, environ 61 % (312 500 ha) de la superficie totale du gouvernorat sont affectés par une érosion moyenne à forte.

- Les zones d'érosion forte nécessitant des interventions urgentes et à court terme, couvrent environ 118 100 ha soit 23 % de la superficie totale du gouvernorat.
- Les zones d'érosion moyenne nécessitant des interventions à moyen et long terme couvrent environ 194 400 ha, soit 38 % de la superficie totale du gouvernorat.
- Les zones d'érosion faible et très faible, pouvant être protégées généralement par des façons et pratiques culturales conservatrices, couvrent environ 195 600 ha soit 39 % de la superficie totale du gouvernorat.

g. **Les stratégies de lutte contre l'érosion :**

La Stratégie Nationale de CES a été élaborée dans l'objectif de lutter contre l'érosion d'une manière rationnelle et efficace tout en contribuant à la mobilisation des eaux de ruissellement. Cette stratégie repose sur l'intégration des travaux CES dans les projets de développements agricoles et sur la participation des agriculteurs dans la mise en œuvre des plans d'aménagement CES qui visent :

- La conservation du patrimoine eau et sol,
- La préservation des investissements aval, en particulier l'infrastructure hydraulique,
- L'amélioration des rendements des cultures et des revenus des populations rurales,
- La rentabilité économique des investissements de l'Etat.
- L'augmentation de la production agricole par l'amélioration et le maintien de la fertilité des terres
- La maîtrise de la gestion des ressources naturelles
- La protection des infrastructures et des agglomérations contre les inondations
- La mobilisation des eaux de ruissellement et leur utilisation pour la mise en valeur agricole
- La fixation des populations rurales par l'amélioration de leurs revenus
- La contribution à l'équilibre régional.

> **La première stratégie décennale 1990 – 2001 :**

Tableau 6: Réalisation de la première stratégie 1990-2001

Action	Réalisations (ha, unité)
Aménagement intégré des bassins versants	58.700
Techniques douces	20.250
Entretien et sauvegarder des ouvrages et des plantations	15.360
Mobilisation des eaux de ruissellement : • Lac collinaire • Ouvrages d'épandage et de recharge	 48 70
Cout (MD)	20980

(Source : Rapport annuel de l'arrondissement CES du CRDA Kef)

La stratégie adoptée a introduit la notion de l'implication progressive des agriculteurs dans la prise en charge des aménagements CES. Pour cela elle a œuvré pour la mise en place d'un cadre législatif adéquat, l'encouragement à la création des entreprises privées et de service, la modulation des aménagements selon les systèmes de production et enfin le renforcement de l'activité de suivi évaluation et d'encadrement des agriculteurs.

> **La deuxième stratégie décennale 2002 – 2011 :**

L'évaluation du Programme 1990- 2001 a permis de mettre en relief le fait que si globalement les actions prises en charge par l'administration ont bien progressé, par contre les objectifs non atteints concernent les actions nécessitant l'adhésion des agriculteurs. Ceci peut s'expliquer d'une part par le fait que la CES n'est pas une priorité pour les petits agriculteurs et que d'autre part il y a un manque d'implication (participation) des agriculteurs dès les premières étapes du projet.

Globalement, c'est sur la base de cette évaluation que les orientations du programme 2002-2011 ont été arrêtées.

Tableau n°7 : Avancement de la 2éme stratégie de conservation des eaux et du sol dans le gouvernorat de Kef (2002-2011) jusqu'à 31/12/2005

Action	Réalisation
Aménagement intégré des bassins versants	20993
Techniques douces	600
Entretien et sauvegarder des ouvrages et des plantations	8835
Mobilisation des eaux de ruissellement : • Lac collinaire • Ouvrage d'épandage et de recharge	 10 19
Cout (MD)	20426

(Rapport annuel de l'arrondissement CES du CRDA Kef)

Méthodologie de travail

I. Présentation de la zone d'étude :

1. **Situation géographique :**

Le bassin versant d'Oued Ezzitoun, objet du présent rapport d'aménagement CES, fait partie du bassin versant du barrage Mallegue, dans le Nord-Ouest du Kef. Il se situe plus précisément dans la délégation de Kef Ouest qui fait partie du gouvernorat du kef, s'étend sur une superficie de 1300 ha, avec les coordonnées Lambert suivantes :

$$\begin{cases} \text{Les altitudes X : 388.3-396} \\ \text{Les longitudes Y : 325.8-325.1} \end{cases}$$

Les limites naturelles figurant sur la carte d'état majeur (Ouargha, Le Kef) à échelle de 1/50 000 sont constituées par :

- Au Nord : Djebel Essemeh.
- A l'Est : Dyr el Kef
- A l'Ouest: Akbet Djemal,Oued Mallegue.
- Au Sud : Kef El Agab, Argoub Chrichi

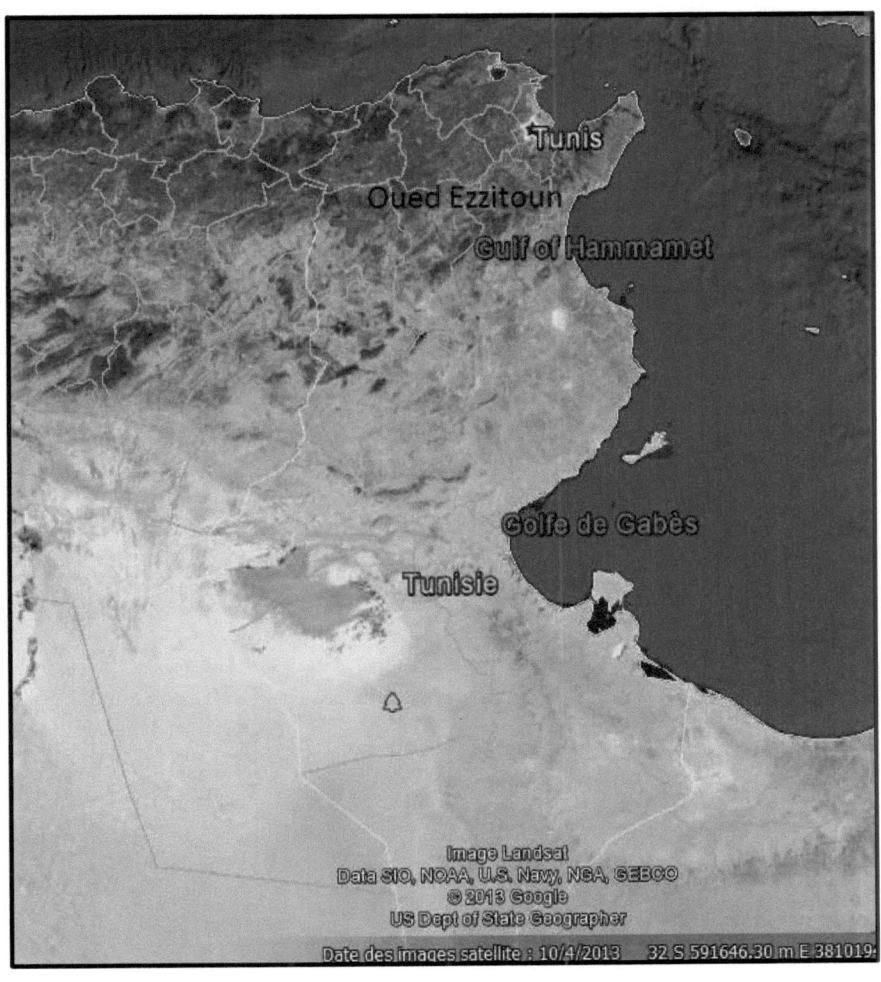

Carte n°7: Localisation de la zone d'étude (Photo aérienne).

(Source : Google Earth)

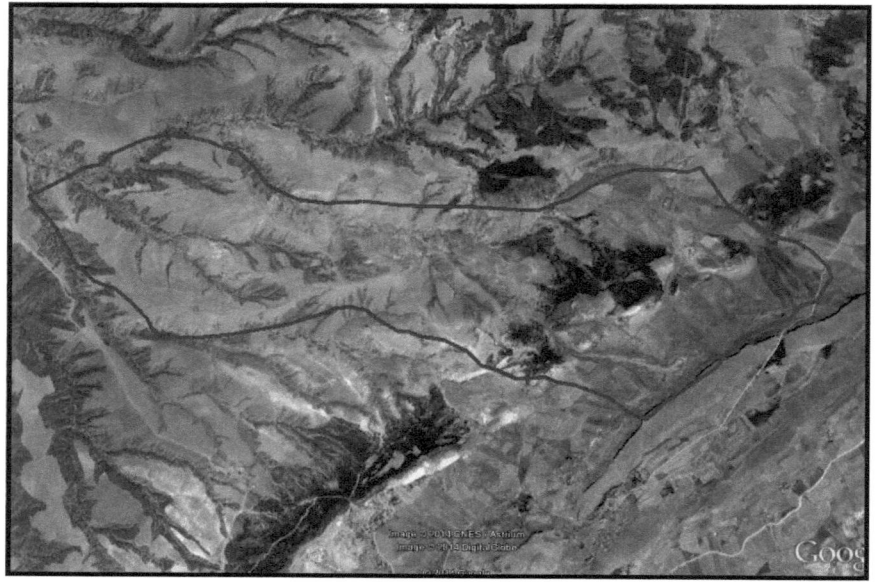

Carte n°8: Localisation du bassin versant de l'Oued Ezzitoun (Google Earth).

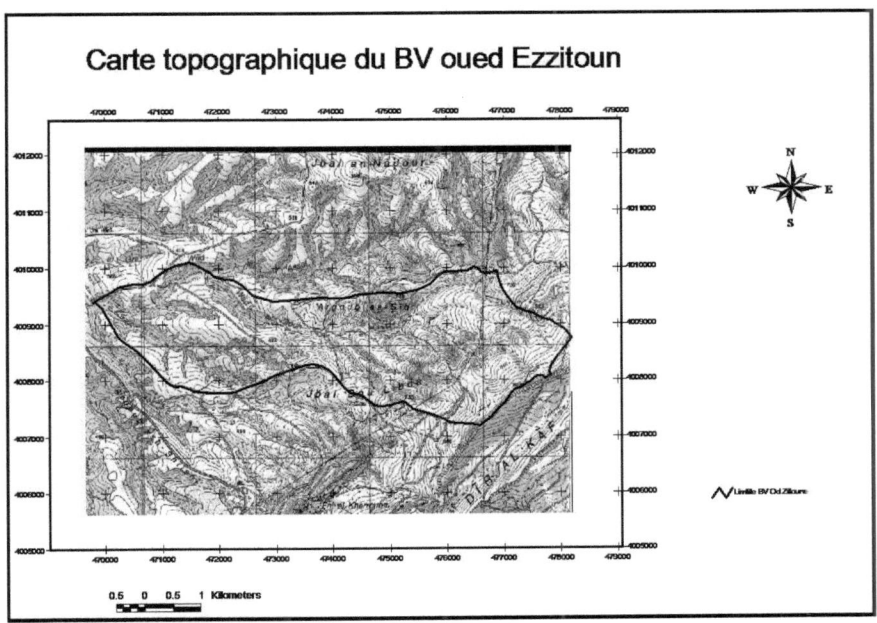

Carte n°9: Localisation du bassin versant de l'Oued Ezzitoun sur la carte topographique

OUEGHA (1/50 000)

2. Etude hydro climatologique :

a) Le climat :

❖ **Introduction :**

La zone d'étude oued Ezzitoun se situe dans l'étage bioclimatique semi aride moyen, elle est caractérisée par un hiver froid et pluvieux et un été chaud et sec avec des vents parfois violents.

Les données météorologiques relatives à la pluviométrie, à la température, à l'humidité et la vitesse du vent utilisées ci-après sont celle observées à la station de Boulifa.

❖ **Précipitation :**

Pour étudier ces données, nous sommes basés sur une série de mesures s'étalant sur une période de 10 ans à partir de l'année 2003 jusqu'à 2012.

Tableau n°8 : Précipitation annuelle (mm)

Années	2003	2004	2005	2006	2007	2008	2009	2010	2011	2012
Précipitation en mm	830	815	510	460	400	330	680	510	620	530

(Source : Station météorologique de BOULIFA)

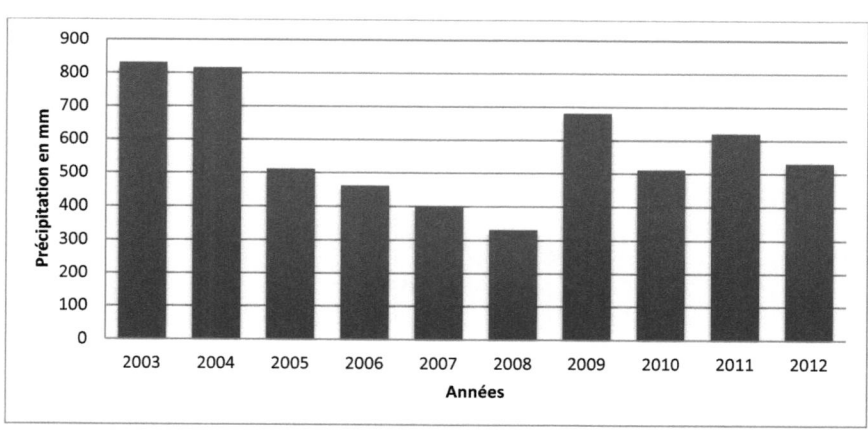

Fig n°1: Variation interannuelle des précipitations au niveau du bassin versant de l'oued Ezzitoun pour la période 2003-2012

Selon la station météorologique de BOULIFA qui est la représentatif de la région, la pluviométrie moyenne annuelle est de 568.5 mm pour une période de 10 ans (2003 à 2012). D'après les résultats obtenus on remarque que les moyennes pluviométriques montrent des irrégularités interannuelles se traduisent par une année favorable ou les précipitations annuelles dépassent les moyennes et une année défavorable ou les précipitation chutent.

❖ **Température :**

La température est un facteur météorologique qui agit directement sur le climat d'une région.

Tableau n°9 : Température moyenne mensuelle pour la période (2003-2012)

	Sep	Oct	Nov	Dec	Jan	Fev	Mars	Avr	Mai	Jui	Juil	Aout
Tmin °C	16.25	12.98	7.64	4.79	3.4	3.63	5.56	8.55	11.92	15.89	20.64	19.18
Tmax °C	29.66	26.33	18.4	13.89	13.64	14.90	18.41	21.25	26.50	32.94	36.72	33.48
Tmoy °C	21.07	19.37	13.10	9.48	8.64	9.13	12.30	14.93	19.44	24.3	27.56	28.30

(**Source : Station météorologique de BOULIFA**)

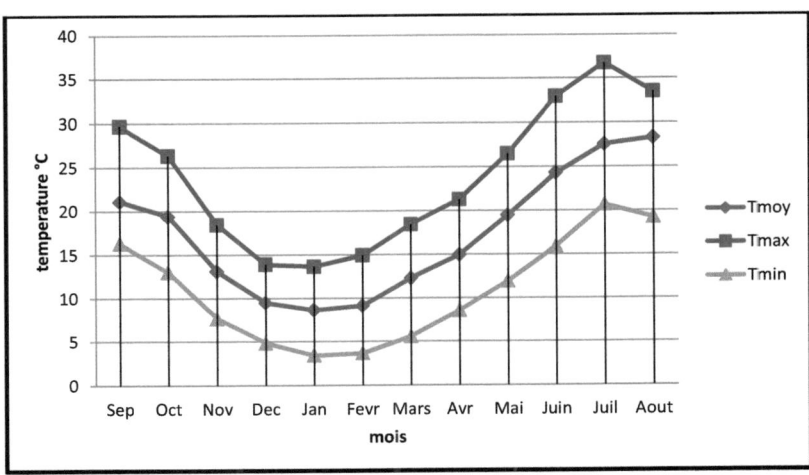

Fig n°2: Variation de la température moyenne mensuelle au niveau du bassin versant oued Ezzitoun pour la période (2003-2012).

D'après le tableau, on peut constater que notre région d'étude est caractérisée par un été chaud et sec et un hiver relativement doux. Le mois le plus froid est janvier avec une température moyenne 8.64°C et un minimum 3.4°C. le mois le plus chaud est juillet avec une température moyenne 27.56°C e qui peut atteindre 36.72°C.

❖ **Régime du vent :**

Le vent est le déplacement de l'air d'une zone de haute pression vers des zones de basse pression, il agit surtout sur les autres facteurs climatiques telques la pluviométrie, l'évaporation, la température et l'humidité de l'air.

La zone de notre étude est caractérisée par la présence du **sirocco**. C'est un vent saharien violent, très sec et très chaud qui souffle sur l'Afrique du Nord et le sud de la mer Méditerranée . En Tunisie, le sirocco est appelé *shehili* ou *Chloc*. Ce phénomène est plus courant au printemps et à l'automne. Ses vents peuvent atteindre 100 km/h, particulièrement en mars et novembre lors des pics de formation de dépressions dans la Méditerranée. Le sirocco est associé avec du temps très chaud, sec et poussiéreux en Afrique du Nord alors que la dépression donne du temps frais et pluvieux en Europe. Le sirocco peut durer plusieurs jours et envoyer de très fins grains de sable jusque dans les Alpes. Ce sable donne une couleur jaune rosé à la neige et en accélère la fonte par abaissement de son albédo, ajouté à la température élevée de l'air. Ce sable cause des problèmes de l'appareil respiratoire et de l'érosion des surfaces.

Dans cette région les vents dominants au cours de l'année ont une direction Nord Ouest.

❖ **Indice d'aridité :**

En 1925 Emmanuel De Martonne a proposé une formule climatologique permettent le calcul de cet indice. Cet indice est fonction de la température (T°C) et de la précipitation P en mm et permet de déterminer le degré d'aridité d'une région. Pour le calculer on utilise la formule suivante :

$$Ia = \frac{\overline{}}{T+}$$

Avec : Ia : indice de l'aridité

P : précipitation moyenne annuelle en mm, P=568,50mm

T : température moyenne annuelle pour notre zone d'étude en °C, T=20,76°C

A.N: $$Ia = \frac{568.50}{20.76+10} = 18,48$$

Les valeurs de l'indice de l'aridité permettent de déterminer le climat selon le classement suivant :

Ia<5 ───────────────► le climat est hyperaride

5<Ia<7,5 ───────────► le climat est désertique

7,5<Ia<10 ──────────► le climat est steppique

10<Ia<20 ───────────► le climat est semi-aride

20<Ia<30 ───────────► le climat est tempéré

Ia30 ───────────────► le climat est humide

Cet indice est égal à 18,48 ce qui permet de dire que le climat est de type semi-aride.

b) Hydrologie :

L'étude hydrologique du bassin versant de l'oued Ezzitoun a pour but :

- ➢ Obtenir le bilan hydrologique
- ➢ Etude des caractéristiques géomorphologiques et physiques du bassin versant
- ➢ Etude des crues

❖ Caractéristiques géomorphologiques du bassin versant :

Les caractéristiques géomorphologiques du bassin versant de l'oued Ezzitoun sont déterminées à partir des cartes d'état majeur Ouargha (1/50000).

La surface du bassin versant S :

La superficie du bassin versant a été déterminée à l'aide d'un curvimètre, elle est égale à 1300 ha.

Le périmètre du bassin versant A:

Le bassin versant de l'Oued Ezzitoun a un périmètre de 20 km. Il est déterminé directement sur la carte topographique au moyen d'un curvimètre.

Indice de compacité :

Cet indice est obtenu à l'aide de formule suivante :

$$\boxed{Kc = 0.28 * \left(\frac{A}{\sqrt{S}}\right)}$$

Avec : A : périmètre (Km)

S : surface du bassin versant (Km^2)

A.N :

$$\boxed{Kc = 0.28 * \left(\frac{20}{\sqrt{13}}\right) = 1.55}$$

Kc≤1 ⟶ Bassin versant de forme circulaire

Kc=1.12 ⟶ Bassin versant de forme carré

Kc >1.12 ⟶ Bassin versant de forme allongé

Dans notre cas Kc=1.55 (>1.12), donc le bassin versant d'Oued Ezzitoun a une forme allongé.

Répartition de l'altitude et courbe hypsométrique :

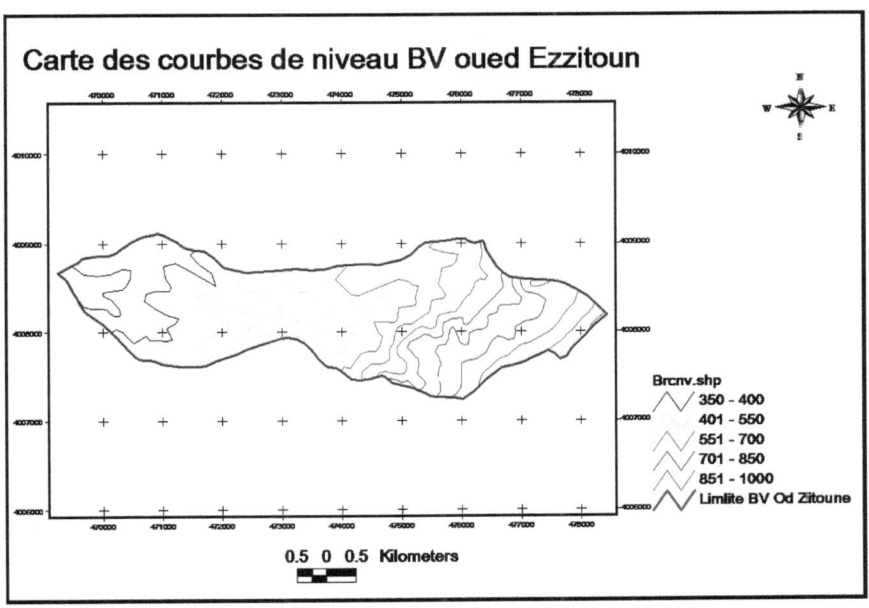

Carte n°10: courbe de niveau BV oued Ezzitoun

Altitude(m)	Surfaces partielles		Surfaces cumulées	
	Km²	%	Km²	%
867	3.2	24.61	3.2	24.61
789	2.3	17.69	5.5	42.3
744	1.9	14.61	7.4	56.91
487	1.5	11.53	8.9	68.44
455	3	23.07	11.9	91.51
434	1.1	8.46	13	100

Tableau n°10 : Répartition de l'altitude en fonction de la surface

↓ Courbe hypsométrique :

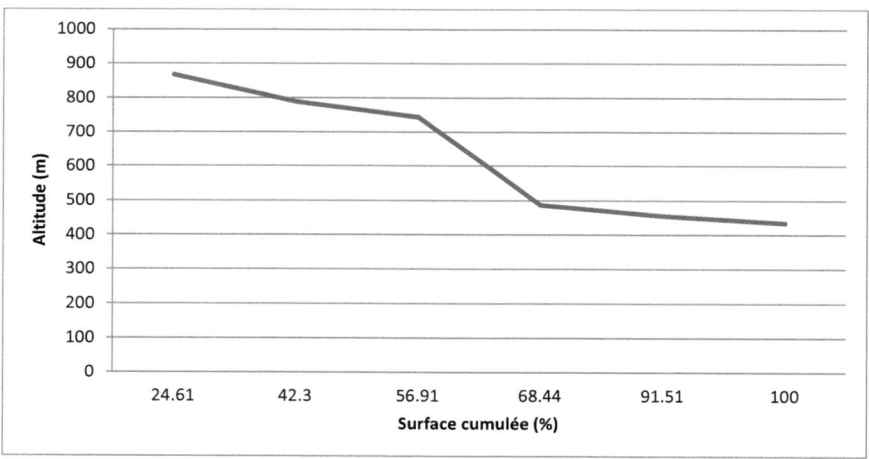

Fig n°3:Courbe hypsométrique

La courbe hypsométrique (Altitude en fonction de la surface cumulée) et le tableau donnent un bon aperçu de la répartition altimétrique du bassin versant oued Ezzitoun. Ces représentations montrent l'importance de la distribution de chaque tranche d'altitude dans notre bassin. Ce ci a permis de dire que 43.06% de la superficie se situe à une altitude inférieur à 500 m, 42.30% de la superficie dont l'altitude est situé entre 700 m et 800 m et 24.61% de la superficie se situe à une altitude supérieure à 800 m.

↓ Les altitudes caractéristiques :
- Les altitudes minimales et maximales : **Hmin** et **Hmax**

Elles sont obtenues à partir des cartes topographiques. L'altitude maximale représente le point le plus élevé du bassin tandis que l'altitude minimale représente le point le plus bas, généralement à l'exutoire.

Hmax= 867 m

Hmin= 434 m

- L'altitude moyenne : **Hmoy**

L'altitude moyenne se traduit de la courbe hypsométrique ou de la lecture d'une carte topographique.

$$Hmoy = \frac{\sum Si.Hi}{S}$$

A.N :

Hmoy= 660 m

Indice de pente moyenne : Im

Il est calculé à l'aide de la formule suivante :

$$Im = \frac{Hmax - Hmin}{\sqrt{S}}$$

Hmax : Altitude maximale observée sur le bassin versant ; Hmax=867 m

Hmin : Altitude minimale observée sur le bassin versant ; Hmin=434 m

S : surface du bassin versant ; S= 13 km²

A.N :
$$Im = \frac{867 - 434}{\sqrt{13}} = 120.09 \text{ m/Km}$$

Indice de pente globale : Ig

Il est calculé de la manière suivante : sur la courbe hypsométrique, on prend les deux points de tel sorte que la surface supérieure et inférieure soit égale à 5% de la surface total(S), on aura les altitudes H5% et H95% avec lesquelles on calcule l'indice de pente globale à l'aide de la formule suivante :

$$Ig = \frac{D}{L}$$

D : la dénivelée entre H5% et H95%

D= H5%-H95%

L : longueur du rectangle équivalent. Il est calculé à l'aide de formule suivante :

$$L = Kc \frac{\sqrt{A}}{1.2} \left[1 + \sqrt{1 - \left(\frac{1.12}{Kc}\right)^2}\right]$$

A.N :

$$L = 1.55 \frac{\sqrt{13}}{1.2} \left[1 + \sqrt{1 - \left(\frac{1.12}{1.55}\right)^2}\right] = 7.87 \text{ Km}$$

l : largeur du rectangle équivalent. Il est calculé à l'aide de formule suivante :

$$l = \frac{S}{L}$$

A.N :

$$l = \frac{13}{7.87} = 1.65 \text{ Km}$$

A partir de la courbe hypsométrique on tire:

- ✓ H5% = 930 m
- ✓ H95% = 470 m

D'où : D = H5% − H95% = 930 − 470 = 460 m

Ce qui nous permet de calculer l'indice de pente globale :

$$I_g = \frac{460}{7.87} = 58.44 \text{ m/Km}$$

Dénivelée spécifique : Ds

Elle est définit comme étant le produit de l'indice de pente global (I_g) par la racine carrée de la superficie du bassin (S). Elle s'exprime en mètres et est indépendante, en théorie, de la surface du bassin versant.

$$Ds = I_g \sqrt{S}$$

A.N :

$$Ds = I_g \sqrt{13} = 210 \text{ m}$$

D'après la classification de l'ORSTOM (Office de Recherche Scientifique de Territoire d'Outre-mer), la dénivelée spécifique du bassin versant de l'Oued Ezzitoun se trouve dans la classe R5(Tableau), donc on a un relief assez fort.

Tableau n°11: classification des reliefs selon ORSTOM

Classe	Type de relief	Intervalle de Ds
R1	Relief très faible	05 à 10
R2	Relief faible	010 à 25
R3	Relief assez faible	025 à 50
R4	Relief modéré	050 à 100
R5	Relief assez fort	100 à 250
R6	Relief fort	250 à 500
R7	Relief très fort	500 à 750

(**Source** : Gaagai A, 2009)

⁃ Le réseau hydrographique :

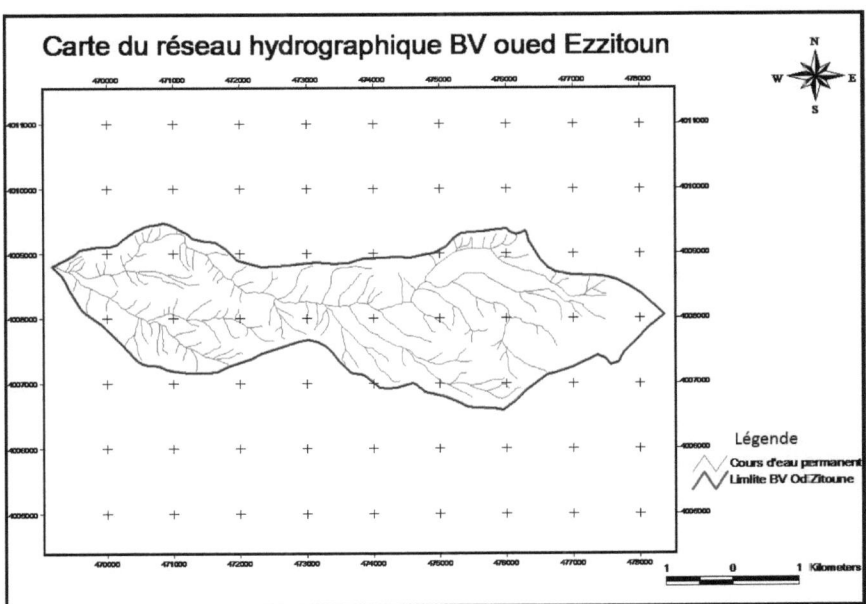

Carte n°11:Carte du réseau hydrographique BV Oued Ezzitoun

Densité de drainage Dd :

La densité de drainage, introduite par Horton en 1932, est la longueur totale du réseau hydrographique par unité de surface du bassin versant :

$$Dd = \frac{\sum Lx}{S}$$

On a :

Dd : densité de drainage en Km/Km^2

Lx : longueur total cumulé de l'ensemble des talwegs ; Lx=8.5km.

S : la surface du bassin versant ; S=13 km^2

$$Dd = \frac{8.5}{13} = 0.65 \ Km/km^2$$

Temps de concentration :

Temps de concentration Tc des eaux sur un bassin versant se définit comme le maximum de durée nécessaire à une goutte d'eau pour parcourir le chemin hydrologique entre un point du bassin et l'exutoire de ce dernier. On va utiliser la formule de GIANDOTTI pour déterminer ce paramètre :

$$Tc = (4\sqrt{S}+1.5Lp) / 0.8 \sqrt{(Hmoy - Hmin)}$$

Avec:

Tc: temps de concentration en heures

S: superficie du bassin versant

Lp : longueur du Talweg principale

Hmoy : altitude moyenne du bassin versant

Hmin : altitude minimale du bassin versant

A.N :

$$\boxed{Tc = 2,29 \text{ heures} = 137,4 \text{ minutes}}$$

Vitesse de concentration Vc :

C'est la vitesse moyenne de propagation de la crue, elle est calculée par la formule suivante :

$$\boxed{Vc = Lp / Tc}$$

Vc : vitesse de concentration en Km/heures

Lp : Longueur du talweg principal

Tc : temps de concentration

A.N :
$$\boxed{Vc = 3.71 \text{ Km/heures}}$$

Etude des crues :

❖ **Formule de Ghorbel (1984):**

$$\boxed{\begin{array}{c} Qt = Qmax.Rtq \\[4pt] Rtq = 1,07.T^{0,4} - 0,7 \\[4pt] Qmax = S^{0.8}\left(1,075\dfrac{\frac{P\Delta H}{\sqrt{Lp}}}{Kc} - 0,232\right) \\[4pt] Qmax = 27.24 \text{ m}^3/\text{s} \end{array}}$$

Qt : Débit de crues en m^3/s

Qmax : débit moyen des débits maximums en m^3/s

Rtq : paramètre régional

P : précipitation en m

ΔH : Hmax − Hmin = 867−434 = 433m

S : superficie du basin versant en Km² (S=13Km²)

Tableau n°12 : Débit de crues selon la formule de Ghorbel

T(ans)	2	5	10	20	60	80	100
Rtq	0,70	1,33	1,97	2,83	4,79	5,46	6,04
Qt(m³/s)	19,06	36,22	53,66	77,08	130,47	148,73	164,52

- ❖ **Formule de Kalel :**

$$Qt = 5,5\sqrt{S}.T^{0,41}$$

Tableau n°13 : Débit de crues selon la formule de Kalel

T(ans)	2	5	10	20	60	80	100
Qt(m³/s)	26,34	38.36	50,97	67.72	106,25	119.56	131.01

Tableau n°14: Tableau récapitulatif des caractéristiques du bassin versant oued Ezzitoun

Caractéristiques	Unités	Symboles	Valeurs
Surface	Km^2	S	13
Périmètre	Km	A	20
Altitude maximale	m	Hmax	867
Altitude minimale	m	Hmin	434
Altitude moyenne	M	Hmoy	660
H5%	m	H5%	930
H95%	m	H95%	470
Indice de compacité	..	Kc	1.55
Longueur du rectangle équivalent	Km	L	7.87
Largeur du rectangle équivalent	Km	l	1.65
Indice de pente globale	m/Km	Ig	58.44
Indice de pente moyenne	m/Km	Im	120,09
Altitude médiane	m	H50%	755
Dénivelé spécifique	M	Ds	210
Longueur du talweg principale	Km	Lp	8.5
Densité de drainage	Km/Km^2	Dd	0.65
Temps de concentration	Heures	Tc	2.29
Vitesse de concentration	Km/Heures	Vc	3.71

❖ L'évaporation :

L'évaporation est la restitution de l'eau par l'atmosphère sous forme de vapeur à partir de la surface du sol, quel que soit sa nature (sol, végétaux, eau libre). Elle est donc un élément très important pour l'établissement du bilan hydrique, et dépend de plusieurs paramètres : la température, les précipitations, l'humidité de l'air et le couvert végétal. On distingue l'évapotranspiration potentielle (ETP) et l'évapotranspiration réelle (ETR).

Evapotranspiration potentielle ETP :

L'évapotranspiration potentielle est la consommation d'eau, sous l'action conjuguée de l'évaporation de l'eau du sol et la transpiration de la plante. Il s'agit de la perte d'eau d'un couvert végétale en plein développement sous les conditions optimum d'alimentation en eau sans l'influence d'aucun facteur limitant.

- **Calcul de l'évapotranspiration potentielle (ETP) :**

Elle est définie comme étant l'ensemble des pertes en eau par évaporation et transpiration d'une surface de gazon de hauteur uniforme, couvrant totalement le terrain, en pleine période de croissance, recouvrant complètement le sol et abondamment pourvue en eau.

Pour estimer l'évapotranspiration potentielle, on utilise des méthodes basées sur des variables climatiques. Cependant le choix dépend principalement du type des données climatiques disponibles et de type du climat de la région. La formule empirique utilisée dans ce cas et celle de THORNTHWAIT, on a :

$$\boxed{ETP\ (m) = 16(\frac{10T(m)}{I})^{a} K^{*}(m\varphi)}$$

ETP: évapotranspiration potentielle mensuelle en mm

T : température moyenne mensuelle du moi considéré en °C

a: coefficient calculé par la formule suivante :

$$\boxed{a = 1{,}6\ (\frac{I}{100}) + 0{,}5}$$

I : indice thermique annuel qui est égale à la somme de douze valeurs de l'indice thermique mensuel. Ce dernier est calculé par la formule suivante :

$$I = \left(\frac{T}{5}\right)^{1,5}$$

K : coefficient de correction, qui dépend de la latitude. La latitude de notre zone d'étude déterminée à partir de Google Earth est de 8 dégrée décimaux.

A.N :

I = 81,62°C

a = 1,80

L'évapotranspiration réelle (ETR) :

L'évapotranspiration réelle est la somme des quantités de vapeur d'eau évaporées par le sol et par les plantes quand le sol est à son humidité spécifique actuelle et les plantes à un stade de développement physiologique et sanitaire réel.

- **Calcul de l'évapotranspiration réelle ETR:**

Pour le calcul de l'ETR, on applique la méthode de Turc :

$$ETR = \frac{P}{\sqrt{0,9 + \left(\frac{P}{L}\right)}}$$

ETR : évapotranspiration réelle en mm

P : précipitation moyenne annuelle

L : pouvoir évaporant de l'atmosphère, se calcule comme suit

$$L = 300 + 25T + 0,05T^3$$

$$L = 985,81$$

T : température moyenne annuelle en °C

La réserve facilement utilisable :

La RFU est la quantité d'eau emmagasinée dans la couche pédologique et qui est facilement utilisable par les plantes pour son bon fonctionnement physiologique.

$$\text{RFE} = 106{,}66 \text{ mm}$$

RFU: réserve facilement utilisable en mm

Da: densité apparente du sol (g/cm^3)

(la densité apparente du sol correspond à son poids par unité de volume du sol sec en place)

He: capacité de rétention

H= 5% ⟶ pour un sol sablo-limoneux

H= 10% ⟶ pour un sol limoneux

H= 20% ⟶ pour un sol argilo-limoneux

P: profondeur du sol parcourue par les racines en m

Tableau n°15 : calcul du bilan hydrologique du BV oued ezzitoun

Mois / Paramètres	Sep	Oct	Nov	Dec	Jan	Fev	Mars	Avr	Mai	Jui	Juil	Aot	Année
T (°C)	21,07	19,37	13,10	9,48	8,64	9,13	12,30	14,93	19,44	24,30	27,56	28,30	
ETP (mm)	90,55	78,53	41,37	25,31	22,19	23,98	37,47	51,02	79,01	115,59	143,72	150,50	853,24
P (mm)	47,15	61,37	52,12	69,42	78,66	45,26	51,88	68,67	38,56	19,92	6,42	19,84	
ETR (mm)	45,58	60,50	48,73	32,75	39,29	40,55	49,43	65,89	37,97	20,14	6,76	19,92	467,51
I (°C)	8,65	7,62	4,24	2,61	2,27	2,46	3,85	5,15	7,66	10,71	12,94	13,40	

Ainsi, d'après ce tableau l'évapotranspiration moyenne annuelle au niveau du bassin versant de l'Oued Ezzitoun est égale à 1320,75 mm.

❖ Bilan hydrologique selon la méthode de C.W. THORNTHWAITE

Estimation du bilan d'eau :

La formule générale du bilan d'eau donne l'égalité des apports et des pertes évaluées sur des grandes périodes. La formule du bilan est la suivante :

$$P = ETR + R + I + \Delta W$$

P : la hauteur de la précipitation annuelle en mm

R : ruissellement de surface annuel en mm

ETR : évapotranspiration réelle annuelle en mm

I : infiltration annuelle en mm

ΔW : variation des réserves en mm, souvent négligeable

Les différentes composantes du bilan :

- **Le ruissellement :**

Le ruissellement correspond à la part de ruissellement qui s'écoule directement sur le sol.

$$R = P^3 / 3ETP^2$$
$$R = 78,81 \text{ mm}$$

- **Estimation de la masse d'eau infiltrée :**

L'infiltration désigne le fait de la pénétration de l'eau dans les couches superficielles du sol et du sous-sol, l'action de la gravité et l'effet de la pression. La lame d'eau infiltrée est déduite à partir des autres paramètres par la formule suivante :

$$I = P - (ETR + R)$$
$$I = 9,95 \text{ mm}$$

❖ Etude des apports :

Les apports liquides :

- Formule de Samie :

$$Le = P^2 \cdot 10^{-3} (293 - 2{,}2 \cdot S^{1/2})$$

$$A = Le \cdot S$$

Le : lame d'eau annuelle écoulée en mm

P : pluviométrie en mm

S : superficie du bassin versant en Km^2

A.N : Le = 86,23 mm

$A = 112099 \ m^3$

- **Formule de Mallet :**

$$Le = 0{,}6 \cdot P \cdot 51 - 10^{-0{,}36 * P2}) 10^2$$

$$A = Le \cdot S$$

A.N : Le = 33,37 mm, A = 43381,6 m^3

- **Formule de J.Dery :**

$$Le = 0{,}915 * P^{2,68} * S^{-0,168} * 10^3$$

$$A = le \cdot S$$

A.N : Le = 135,40 mm, A = 176020 m^3

- **Formule de Goutagne :**

$$Le = P (0.164 - 0.00145 \cdot S^{1/2})$$

$$A = Le \cdot S$$

A.N : Le = 85,98 mm, A = 111774 m^3

Tableau n°16 : Estimation de l'apport moyen annuel (Oued Ezzitoun)

Formule	Le (mm)	A (m^3)
Samie	86,23	112099
Mallet	33,37	43381,6
J.Dery	135,40	176020
Goutagne	85,98	111774

On constate d'après ce tableau que les formules de Samie et de Goutagne donnent des valeurs relativement proches alors que les formules de Mallet et J. Dery surestime la lame d'eau ruisselée.

Par ailleurs, on adoptera la moyenne de deux formules Samie et Goutagne. On aura donc :

Le = 86,10 mm

A = 111936,5 m^3

Les formules fréquentiels :

Pour l'estimation des apports fréquentiels des différentes périodes de retour, on préconise la méthode de paramètres régionaux. Cette méthode est basée sur l'ajustement des droites de régression liant les périodes de retour (T) avec les rapports régionaux (Rtv). Les rapports régionaux sont les apports des volumes annuels écoulés d'une période de retour (T) par le volume moyen (Vmoy). L'apport annuel (AT) d'une récurrence (T) est exprimé de la manière suivante :

$$At = Rtv \cdot A$$
$$Rtv = 1,271 \cdot \log T + 0,46$$

Rtv: coefficient régional

T: période de retour en an (T varie de 2 à 100 ans)

Tableau n° 17: Apports fréquentiels (Oued Ezzitoun)

T (ans)	2	5	10	20	60	80	100
Rtv	0,84	1,53	1,73	2,10	2,72	2,88	3
At (m^3)	94026,66	171262,84	193650,14	235066,65	304467,28	322377,12	335809,5

Les apports solides :

- Formule de Sogreah :

$$As = 1400*Le^{0,15}$$

A.N :

As= 2731,35 T/Km²/an

As = 2,73135 T/ha/an

- Formule de T'ixeront :

$$As = 354*Le^{0,15}$$

A.N :

As= 690,64 T/Km²/an

As = 0,69064 T/ha/an

- Formule de Frigui :

$$As = 848.Le^{0,63}.S^{-0,26}$$

A.N :

As= 7208,12 T/Km²/an

As = 7,20812 T/ha/an

Tableau n° 18: Apports solides (Oued Ezzitoun)

Formules	Sogreah	Tixeront	Frigui
As(T/Km²/an)	2731,35	690,64	7208,12

D'après les résultats obtenus ci-dessous, on constate que les formules de Sogreah et Frigui donnent des valeurs relativement proches alors que la formule de surestime l'aport solide.

Par la suite, on adoptera la moyenne de deux formules de et. D'où:

As= 4969,73 T/Km²/an

As= 4,96973 T/ha/an

3. Pédologie :

a) Description :

Le bassin versant Oued Ezzitoun est caractérisé par la présence de huit types d'unités pédologique :

- Sols minéraux bruts
- Sols peu évolués
- Rendzines
- Sols gypseux
- Vertisols
- Sols isohumiques
- Complexe de sols

D'après la carte pédologique, la partie aval du bassin versant Oued Ezzitoun est occupée par des sols peu profond ce sont des sols peu évolués d'apport, des sols bruns calcaires et rendzines. Se sont des sols sensibles à l'érosion.

La partie amont comprend des complexes des sols avec des rendzines, des sols isohumiqes et des sols minéraux bruts qui sont des sols peu profonds et leur localisation dans des zones à pentes élevées amplifie le problème de l'érosion.

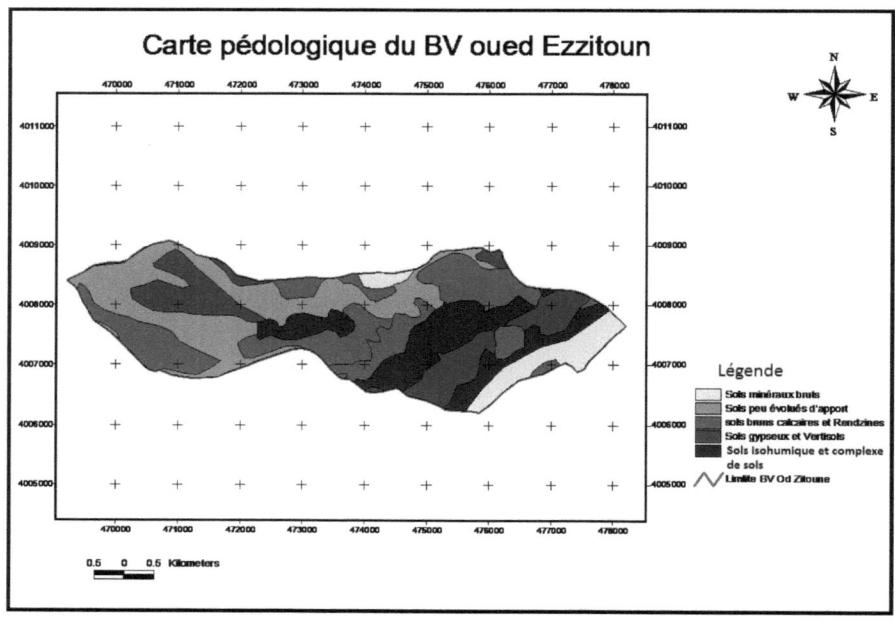

Carte n°12: Carte pédologie du BV oued Ezzitoun

b) **Les classes des pentes :**

L'examen de la carte topographique d'oued Ezzitoun ainsi que les investigations du terrain montre que la zone présente un relief très accidenté. Cependant, il existe de nombreuses montagnes telques Djebel Bou Lebda d'altitude 867 m entre les quelles existe de nombreuses dépressions constituant les pleines.

D'après la carte des pentes de la zone d'étude déterminée à partir de la carte d'état majeur, la répartition des classes de pentes figure au tableau suivant :

Tableau n°19 : Répartition des classes des pentes

Classes	Pentes	Superficie	
		Km^2	%
Classe 1	0-5%	6.25	48.07
Classe 2	5-10%	3.10	23.85
Classe 3	10-15%	2.60	20
Classe 4	>15%	1.05	8.08

L'examen de ce tableau ainsi que la carte des pentes montre que 48.07% de notre zone d'étude est caractérisé par une pente faible ne dépassant pas le 5%, 23.85% de la superficie totale à pente moyenne. Le reste du bassin versant soit 28.08% de la superficie totale est caractérisé par des pentes fortes soit 20% sont des zones à pentes assez forte (10-15%) et 8.08% sont des zones à pente très forte (>15%).

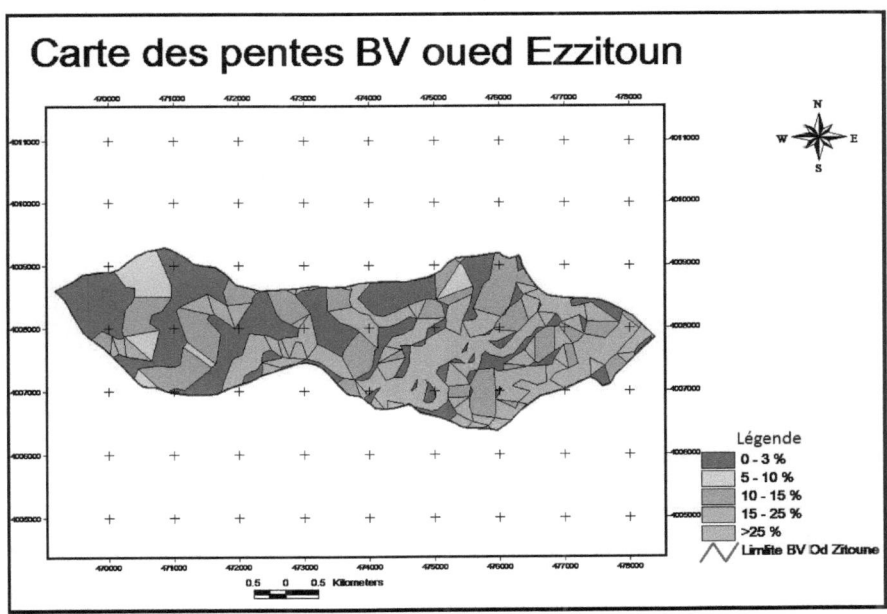

Carte n°13: Carte des pentes du bassin versant Oued Ezzitoun

4. **Couverture végétale :**

L'étude de l'occupation du sol est une étape très importante pour l'élaboration du plan d'aménagement anti- érosif.

Elle concerne la description des principaux types d'occupation (culture ou végétation naturelle) et la détermination de leur superficie.

D'après la carte d'occupation et les résultats du diagnostic participatif, l'occupation actuelle du sol est représentée au tableau :

Tableau n°20 : Occupation du sol de l'Oued Ezzitoun

Type de cultures	Surface (en ha)	Pourcentage (%)
Céréaliculture	818	62.92
Arboriculture (Olivier)	32	2.46
Forêts	200	15.38
Terres non cultivées	250	19.23
Total	1300	100

Photo n°1 : Céréaliculture   Photo n°2 : Jachère

Photo n°3 : Forêt   Photo n°4 : Culture d'olivier

Dans le bassin versant d'Ouesd Ezzitoun, l'élevage pratiqué est extensif basé sur l'élevage des ovins notamment.

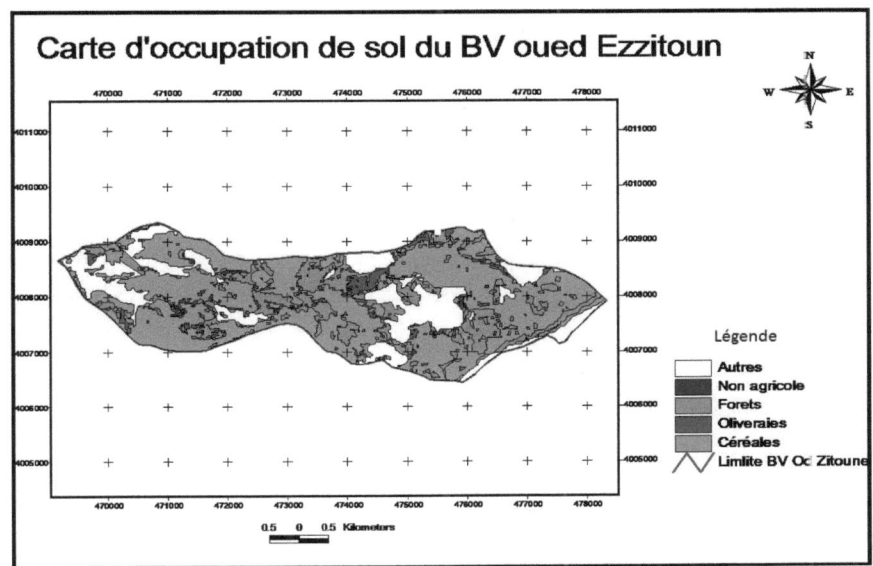

Carte n°14: carte d'occupation de sol BV Oued Ezzitoun

5. Etude de l'érosion :

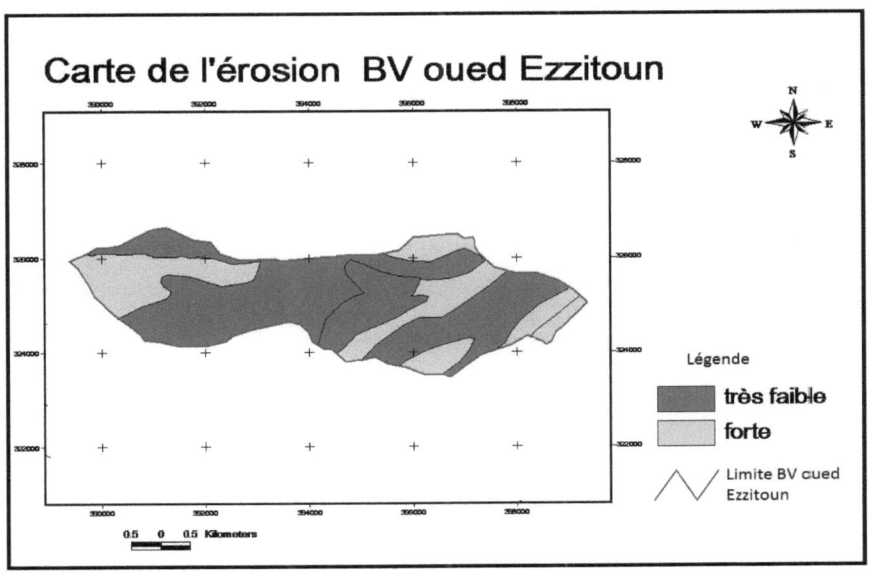

Carte n°15: carte d'érosion du BV oued Ezzitoun

a. Erosion en nappe :

C'est le stade initial de la dégradation des sols par érosion. Cette érosion en nappe entraîne la dégradation du sol sur l'ensemble de sa surface, autrement dit c'est une forme d'érosion diffuse. De ce fait, elle est peu visible d'une année à l'autre.

Le signe le plus connu de l'érosion en nappe est donc la présence de plages de couleur claire aux endroits les plus décapés. Egalement, il y a un autre symptôme de l'érosion en nappe est la remontée des cailloux en surface par les outils de travail du sol. Les paysans disent que "les cailloux poussent". Il s'agit en réalité d'une fonte de l'horizon humifère et d'un travail profond du sol qui remonte en surface les cailloux. Après quelques pluies, les terres fines sont entraînées par les pluies tandis que les cailloux, trop lourds pour être emportés, s'accumulent à la surface du sol.

L'importance de l'érosion en nappe dépend à la fois :

- de l'intensité maximale des pluies qui déclenchent le ruissellement,
- de l'énergie des pluies qui détachent les particules susceptibles de migrer,
- de la durée des pluies et/ou de l'humidité avant les pluies.

Lorsqu'il y a l'érosion en nappe, le déplacement des particules se fait d'abord par effet "splash" à courte distance et ensuite par le ruissellement en nappe. La battance des gouttes de pluie envoie des gouttelettes et des particules dans toutes les directions. En fait, ce n'est qu'après formation des flaques et débordement de l'eau non infiltrée d'une flaque à l'autre, que naît le ruissellement en nappe. Celui-ci s'étalant à la surface du sol gardera une faible vitesse même sur des pentes de 5 à 10 % à cause de la rugosité du sol (mottes, herbes, feuilles, racines, cailloux, etc...) qui l'empêchent de dépasser la vitesse limite de 25 cm/seconde.

Photo n°5: Erosion en nappe

Avec le décapage de la couche superficielle du sol et au cours des temps, les racines sont plus exposées en surface. Ainsi, l'érosion en nappe peut se manifester in-situ comme suit:

Photo n°6 : Décapage de la couche superficielle du sol

b. Erosion par rigole :

En effet, sur un bassin versant ou une parcelle, l'érosion en rigole succède à l'érosion en nappe par concentration du ruissellement dans les creux. A ce stade, les rigoles ne convergent pas mais forment des ruisselets parallèles.

Photos n°7: Erosion par rigole

c. Erosion par ravinement :

Une ravine est une incision linéaire. Cette forme élémentaire d'érosion est créée par le ruissellement concentré des eaux sur un versant. Les ravines peuvent constituer des réseaux et rejoindre le réseau hydrographique.

Le ravinement est le processus de formation des ravines. Il est favorisé sur les versants nus et sur les terrains imperméables soumis à des précipitations pluvieuses courtes mais intenses. Il y en a trois processus de ravinement :

- Les ravines en forme de V
- Les ravines en forme de U
- L'érosion en tunnel

L'érosion par ravinement est la forme culminante de l'érosion du sol. Les dégâts causés sont d'autant plus importants que la stabilisation et la réparation de cette forme d'érosion sont les plus coûteuses de tous les travaux de lutte contre l'érosion. L'approfondissement des ravines remonte du bas vers le haut de la pente (érosion régressive). Cette forme d'érosion peut transformer le paysage en "badlands".

Photo n°8: Erosion par ravinement

d. Erosion par sapement de berges :

C'est une forme d'érosion due à la dissipation de l'énergie de l'eau dans les lits des cours d'eau et les rivières. L'énergie de ces dernières est capable, de manière régulière ou accidentelle (lors des inondations) d'emporter une partie des berges. On appelle ce processus le sapement des berges. Il se produit également dans les ravins en formation lorsque l'eau du ruissellement attaque les assises du ravin. Ce type d'érosion est étroitement lié au volume et à la vitesse de l'eau, qui dépend de la pente et du débit.

Photo n°9: Erosion par sapement de berges

e. **Erosion par reculement de la tête du ravin :**

Le mécanisme de ravinement est un phénomène connu de très longue date ; il consiste en une perte de matériaux et donc de volume de sol suite aux différents agents bioclimatiques que constituent l'eau, le vent ou encore certains organismes vivants (Fournier, 1960).

Divisée en trois parties que sont le détachement, le transport et la sédimentation des particules déplacées, cette action érosive du sol n'agit pas de manière uniforme à la surface de la terre. En effet, plusieurs études sur la mesure de la prise en charge de sédiments par les rivières ont pu démontrer une variation spatiale à l'échelle planétaire du processus. Selon Walling et Webb (cité par Morgan, 2005), certaines régions du globe sont soumises à une perte pouvant dépasser plusieurs centaines de tonnes par km^2 par an. Les différentes intensités des précipitations et leurs fréquences, ainsi que la modification de l'utilisation du sol au cours du temps influencent la quantité de matières transportées (Mermut *et al.*, 1997).

Tous ces déplacements ont bien évidemment des conséquences directes et/ou indirectes sur l'environnement. De nombreuses terres autrefois cultivables ont, par exemple, vu leur rendement chuter de manière drastique et ce suite à la perte de matières organiques et autres éléments nutritifs constitutifs de la partie superficielle des sols (Larney *et al.*, 2009 ; Van De *et al.*, 2008).

f. Les glissements rotationnels des terrains :

Ce sont des glissements où la surface du sol et une partie de la masse glissent en faisant une rotation, de telle sorte qu'il apparaît une contrepente sur le versant. Il s'agit souvent de toute une série de coups de cuillère, laissant au paysage un aspect moutonné. Au creux du coup de cuillère, on observe généralement une zone humide où croît une végétation adaptée à l'hydromorphie. Il arrive couramment qu'après des périodes très humides, il s'installe un ruissellement sur les bords de la contrepente et ce ravinement fait progressivement disparaître la contrepente, ne laissant qu'un creux dans le versant qu'il est difficile de dissocier d'un ravinement ordinaire.

Photo n°10 : Erosion par glissement des terrains

II. Echantillonnage et analyse du sol :

L'analyse de sol est une procédure visant à caractériser la composition et les qualités physicochimiques d'un sol. Cette analyse des sols est une application de la pédologie.

L'analyse de sol est couramment pratiquée en vue de connaître les potentialités d'exploitation durable (ou soutenable) du sol de façon à économiser et gérer les pertes par érosion et de protéger l'environnement :

- sur des sols agricoles, alors par des laboratoires accrédités par le Ministère de l'Agriculture. On s'intéresse alors aux nutriments NPK, au pH, à la structure du sol, à sa granulométrie, ses capacités de rétention de l'eau et éventuellement aux ETM (éléments traces métalliques)
- sur sols forestiers.
- sur les sols pollués ou suspectés d'être pollués, pour l'évaluation environnementale et la caractérisation d'une pollution, par des laboratoires spécialisés, pour le compte

d'administrations ou de bureaux d'étude en environnement. On recherche par exemple des traces d'hydrocarbures, dioxines, furanes, PCB, métaux lourds, radionucléides, biocides, etc.
- sur des sols divers, pour disposer d'un référentiel (éventuellement pédogéologique).

Les échantillons à analyser sont pris d'une façon aléatoire de chaque unité pédologique indiquée sur la carte pédologique du bassin versant selon un profil de 120 cm divisé en trois horizons (0-30cm ; 30-60cm ;60-120cm).

Les résultats de ces analyses vont nous servir pour la détermination de certains paramètres du modèle SEAGIS afin d'élaborer une carte de risque à l'érosion. Ils constituent aussi un outil de jugement quant au pratiques culturales, aux espèces végétales adéquates et les actions de CES convenables.

Photos n°11: Sortie sur terrain

1. Caractéristique physique des sols :

❖ **Granulométrie :**

La granulométrie est l'étude de la distribution statistique des tailles d'une collection d'éléments finis de matière naturelle ou fractionnée. L'analyse granulométrique est l'ensemble des opérations permettant de déterminer la distribution des tailles des éléments composant la collection. La totalité des analyses est effectué sur la terre fine dont les éléments ont moins de 2 mm de diamètre.

P1 : Argilo-limoneux

P2 : Argileux

P3 : Complexe du sol

P4 : Argileux

P5 : Argileux

P6 : Argileux

Tableau n°21 : Analyse granulométrique des différents profils

Profil	Argile(%)	Limon(%)	Sable(%)	Texture
P1	44..5	20	35.50	Argilo-limoneux
P2	53.5	27	19.50	Argileux
P3	Gypse floculé			
P4	58	23.50	18.50	Argileux
P5	59	18.50	22.50	Argileux
P6	50.50	22.50	27	Argileux

⟹ D'après l'analyse granulométrique, on constate que la majorité des profils ont une texture argileuse.

⟹ Le sol argileux et vue leur aptitude énorme d'absorber et de retenir l'eau dans sa structure en feuillets est fragile à l'érosion hydrique qui se manifeste sous forme des phénomènes de glissements des terrains argileux.

⟹ Les sols argilo limoneux sont également très fragiles à l'érosion, ils sont très lisses, assez minces et ils supportent à peine leurs poids ce qui explique bien leur sensibilité voire fragilité à l'érosion hydrique.

⟹ Les sols gypseux contiennent plus de 25% de gypse, minérale défavorable à l'accroissement des plantes, ces sols sont souvent nus donc facile à entrainer par les facteurs naturels d'érosion, en outre ce sol est complètement instable dans l'eau. Lorsque le gypse se dissout il y aura formation des fissures, les particules de sol se détachent ce qui rend très facile toute type l'érosion quelque soit hydrique et / ou éolienne.

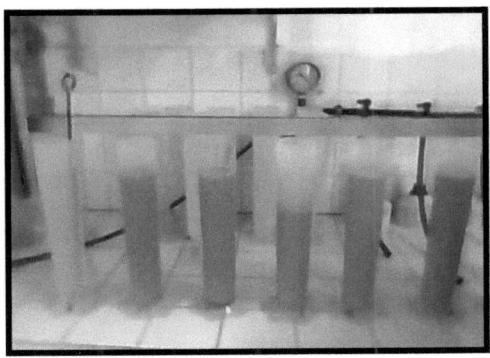

Photo n°12 : Gypse floculé pour le profil n°3

2. Caractéristiques chimiques des sols :

❖ pH:

Tableau n°22 : Variation du pH des différents profils

Profil (cm)		pH
P1	0-30	7.71
	30-60	7.80
	60-120	7.79
P2	0-30	7.93
	30-60	7.85
P3	0-30	7.62
	30-60	7.69
	60-120	7.70
P4	0-30	7.91
	30-60	8
	60-120	7.97
P5	0-30	8.08
	30-60	8.12
	60-120	8.23
P6	0-30	8.13
	30-60	8.15
	60-120	8.20

⟹ Les valeurs obtenues du pH varient entre 7,62 et 8,23. Le sol de la zone d'étude est à pH alcalin.

❖ **Conductivité électrique (salinité): à 25°C :**

Tableau n°23 : Conductivité électrique des différentes profils

Profil (cm)		C.E (mmho/cm)
P1	0-30	0.794
	30-60	4.515
	60-120	10.068
P2	0-30	1.036
	30-60	2.592
P3	0-30	2.903
	30-60	2.972
	60-120	2.949
P4	0-30	0.449
	30-60	0.426
	60-120	0.645
P5	0-30	0.483
	30-60	0.506
	60-120	0.725
P6	0-30	0.506
	30-60	0.568
	60-120	0.817

➪ L'élévation de la salinité pour le profil n°3 est due à la présence du gypse.

➪ Les sols gypseux sont des sols à texture fine. On a remarqué la présence des gypses sur terrain. Cette présence est approuvée par la salinité élevée des sols (de la surface à la profondeur) et aussi la floculation des échantillons destinés à l'analyse granulométrique.

Ces apparences nous ont conduits à la détermination des gypses en %.

⟹ La présence des gypses dans le sol, laisse le sol perd sa texture. Les sols contenant plus de 25 pour cent de gypse peuvent gêner la croissance des plantes. Les composants du sol manquent de plasticité, ne collent pas ensemble et le sol devient complètement instable dans l'eau. En conséquence, l'érosion des sols gypseux peut être très grave.

Photo n°13: Mesure de la conductivité électrique

❖ **Matière organique (M.O) et carbone (C) :**

Tableau n°24 : Teneur en MO et en C des différents profils

Profil (cm)	M.O(%)	C(%)
P1	1.00	0.58
P2	0.73	0.42
P3	0.45	0.26
P4	0.45	0.26
P5	1.09	0.63
P6	0.81	0.47

⟹ Les taux de la matière organique varient entre 0,45 et 1,09%. D'après Duchaufour (1977), les sols sont considérés riches en matière organique lorsque le pourcentage de présence de cette dernière est supérieur à 2%. A cet effet, le sol étudié est considéré comme un sol pauvre en matière organique.

❖ **Gypse :**

Tableau n°25 : Teneur en Gypse du profil P3

Profil (cm)		Gypse (%)
P3	0-30	13.65
	30-60	4.62
	60-120	5.25

⟹ Le profil n°3 est caractérisé par la présence du gypse.

Ce profil est caractérisé par une grande capacité de rétention en eau à cause de la présence du gypse.

Photo n°14: Test de gypse

III. Elaboration d'une carte de risque à l'érosion :

❖ **Détermination des paramètres du modèle SEAGIS :**

Le modèle SEAGIS calcule le transport solide pour chaque pixel en se basant sur le modèle USLE (Universel Soil Loss Equation). Ce modèle mise en œuvre par Wischmeier et Smith en 1978 permet d'apporter une estimation des particules de sol susceptibles d'être arrachées et de spatialiser les zones les plus sensibles à l'érosion en nappe, sans prise en compte des dynamiques de transport/sédimentation des matières terrigènes. Le modèle a été mis en œuvre à partir de vingt années de données d'essais d'érosion en parcelles et sur des petits bassins versants de la Grande Plaine américaine. L'objectif était alors d'établir un modèle empirique de prévision de l'érosion à l'échelle de la parcelle, afin d'aménager celle-ci pour que l'érosion régresse en dessous d'une valeur limite tolérable étant donné le climat, la pente et les facteurs de production.

L'érosion est exprimé en t/ha/an est le produit de 6 facteurs : érosivité de la pluie (R), inclinaison de pente (S) et longueur de pente (L), érodibilité du sol (K), couverture végétale (C) et mesures de prévention (P). la combinaison de toutes les couches d'information obtenues donne une carte du risque érosif renseignée pour chaque pixel d'une valeur d'érosion exprimée en t/h/an.

Équation universelle des pertes en terre :

$$A = R \times K \times LS \times C \times P$$

↳ **L'érosivité des pluies (R) :**

La pluie est l'un des principaux facteurs de l'érosion des sols, ceci se produit lorsque les eaux pluviales ne peuvent plus s'infiltrer dans le sol et arrachent les particules du sol en emportant des particules (Le Bissonnais *et al.*, 2002). Ainsi, le rôle du facteur R est de caractériser la force érosive des précipitations sur le sol. Il considère les différences régionales du climat selon le type, l'intensité et la fréquence des précipitations. L'érosivité de la pluie est définie par l'équation :

$$R = 0{,}0057\, P^{1{,}559}$$

A.N :

$$R = 0{,}0057 * 568{,}5^{1{,}559}$$

$$R = 112{,}33$$

↓ L'érodibilité des sols (K) :

La spatialisation du facteur de K nécessite une carte des sols. Nous avons effectué 6 échantillons de sol (entre 0 – 120 cm) couvrant presque la totalité du bassin versant étudié en tenant compte des types de sols. Pour la détermination de ce paramètre, nous avons suivi une méthode analytique.

Le facteur K est fonction de la texture des sols (M), de la teneur en matière organique (MO), de la structure du profil et de la capacité d'infiltration.

Nous avons évalué l'indice K des différents types de sols à l'aide du Nomogramme d Wischmeier, Johnson et Cross (1971) en utilisant la carte pédologique du bassin et les analyses de sols. Les valeurs du facteur K, situées entre 0,17 et 0,26 montrent une nette sensibilité et fragilité à l'érosion.

↓ La topographie (S et L) :

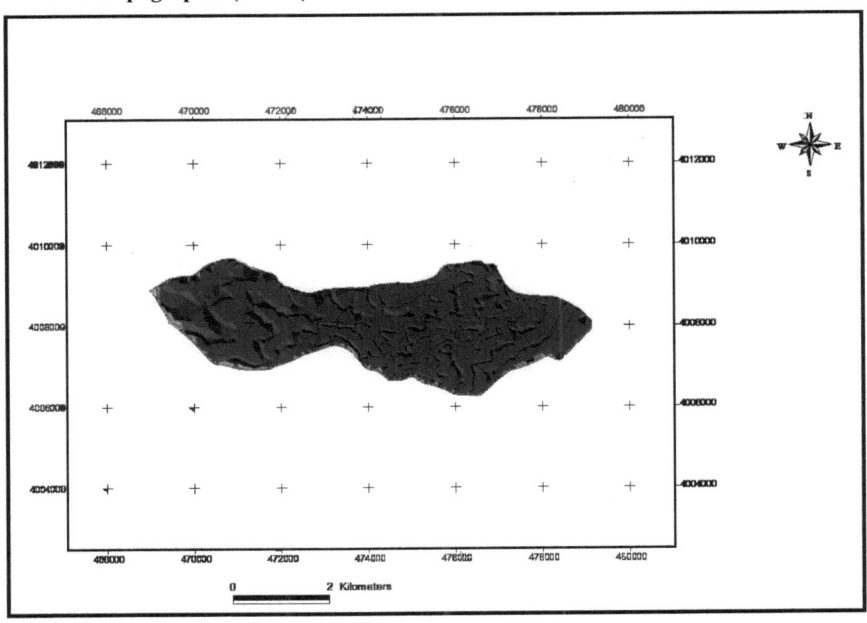

Fig n°4: Modèle numérique du terrain

Le couvert végétal (C) :

Pour arrêter l'érosion, un couvert végétal est d'autant plus efficace qu'il absorbe l'énergie cinétique des gouttes de pluie, qu'il recouvre une forte proportion du sol durant les périodes de l'année où les pluies sont les plus agressives, qu'il ralentit l'écoulement du ruissellement et qu'il maintient une bonne porosité à la surface du sol. Cependant, il est difficile d'évoquer l'action protectrice d'un couvert végétal sans préciser les techniques culturales au sens le plus large, utilisées pour l'obtenir.

La valeur de V dépend principalement du pourcentage de couverture végétale et de la phase de croissance (Kalman, 1967).

Photo n°15: Occupation du sol

Pratiques antiérosives (P) :

Il apparaît de plus en plus clairement que pour réduire le volume ruisselé ainsi que les pertes en terre, l'état de la surface du sol joue un rôle majeur.

Pour améliorer l'état de la surface du sol, il existe des approches complémentaires: il s'agit de couvrir le sol, de planter tôt et dense, voire à utiliser des engrais, de maintenir la surface du sol couverte par les résidus de culture et enfin le travail du sol.

Le travail du sol a pour buts de maintenir une bonne rugosité à la surface du sol, d'augmenter l'aération et la macroporosité, d'améliorer l'enracinement tout en luttant contre les mauvaises herbes et en enfouissant les résidus organiques pour améliorer le statut organique du sol et la stabilité structurale. Enfin, la culture et le billonnage en courbes de niveau, si possibles cloisonnées, permettent de freiner ou d'annuler la vitesse du ruissellement à la surface du sol. Si ces techniques font appel à des moyens mécaniques pour réduire le ruissellement, il ne faut pas perdre de vue que le travail du sol favorise le développement des racines et par conséquent du couvert végétal: il s'agit donc de méthodes à la fois mécaniques et biologiques.

Ce facteur varie entre 1 sur un sol nu sans aucun aménagement antiérosif à 0,1 environ, lorsque sur une pente faible, on pratique le billonnage cloisonné (Roose, 1996). Vu l'état des aménagements antiérosifs dans la région, la valeur 1 est affectée au facteur P.

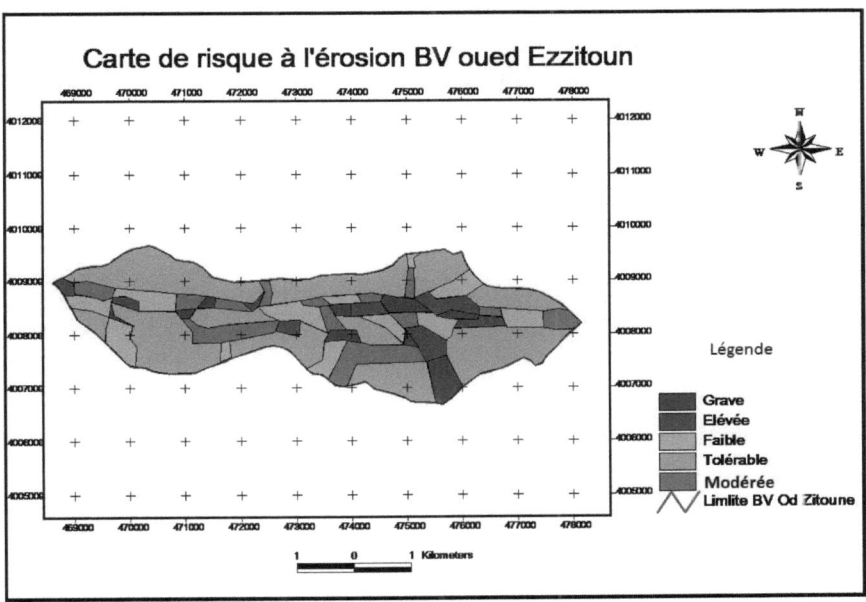

Carte n°16: carte de risque à l'érosion BV oued Ezzitoun

IV. Les aménagements proposés :

1. **Les ouvrages :**

   a) Banquettes mécaniques :

   Les banquettes consistent en un canal creusé et en un remblai en ados, construits perpendiculairement à la pente d'un champ à intervalle régulier. Elles sont destinées à réduire la langueur de la pente et à intercepter le ruissellement de surface avant qu'il n'atteigne un vitesse érosive.

   Les banquettes peuvent être construites soit :

   - Par tracteur muni d'une lame ou d'une pelle à l'avant
   - Par grader ou dozer
   - A la main

   Les banquettes peuvent être construites soit en courbes de niveau, soit à pente uniforme ou variable. Les banquettes construites avec des pentes longitudinales uniformes ou variables s'appellent des banquettes d'écoulement, alors que celles construites en courbes de niveau s'appellent des banquettes de rétention.

   Il y a trois types de banquettes :

   - Banquettes de rétention
   - Banquettes d'écoulement
   - Banquettes mécaniques

   Les extrémités des banquettes sont menues de radiers en pierre rejointoyés pour évacuer l'éxcédent des eaux de ruissellement.

   Ce type de traitement serait établit sur des pentes inferieures à 15 %, sur des terres non marneuses.

   Calcule de l'écartement inter-banquette : l'espacement des banquettes de plusieurs facteurs :

   - La pente
   - L'agressivité des pluies
   - La vulnérabilité du sol à l'érosion
   - L'utilisation du sol

Au cours de l'exécution on vise au maximum à l'application des formules adéquates. La formule la plus utilisée en tunisie est celle de Bugeat, elle ne tient copte que de la pente.

- La dénivelée (H) entre deux banquettes est donnée par la relation :

H= 2.2 + 8P en (m)   avec P : pente en (%)

- L'écartement inter-banquette (E) est donnée par la relation :
- E= (H\P)   d'où   E= 8 + (2 .2 \P) en (m)

<u>Longueur des banquettes d'écoulement</u> : la longueur maximale d'une banquette d'écoulement dépend de la nature du sol :

- ➢ Pour des sols peu perméables, elle ne doit pas en général dépasser 350 m
- ➢ Pour des sols de perméabilité moyenne, elle peut atteindre 450 m
- ➢ Pour des sols perméable à très perméable, elle peut aller jusqu'à 500 m

<u>Hauteur de la banquette</u> : la hauteur admise par la direction de C.E.S pour l'exécution de banquettes d'écoulement objet de ce projet est de l'ordre 1.20 m dont 0.20 pour combler le tassement.

b) Correction des ravins :

Ils se manifestent essentiellement par la fixation biologique des berges des lits des oueds et des ravins à partir de la plantation des espèces végétales comme le cactus et l'acacia, pour limiter l'élargissement, l'approfondissement des lits et ralentir la migration latérale des berges. Il ya d'autres types de correction des ravins par le comblement en utilisant le tracteur ou un bulldozer.

Il y a aussi des unités de protection plantées essentiellement au niveau des méandres, qui subissent une érosion spectaculaire lors du fort fonctionnement des oueds. Ces unités de protection dans cette zone sont réalisées pour la correction des méandres et la limitation de la perte des sols limitrophes et aussi pour la protection des agglomérations situées à proximité des bords des oueds.

La conception d'une installation de lutte contre le ravinement comporte 3 étapes :
- ➢ L'inspection du ravin pour décéder les causes de la formation ou de l'extension du ravin
- ➢ L'estimation du débit maximal de l'eau se déversent dans le ravin. Ce débit est fonction de la topographie du bassin versant, de sa superficie, de sa végétation, du type de sol et de la capacité du bassin de retenue des eaux.

➤ La mesure approximative de la longueur et de la pente du ravin

i. Les seuils en pierres sèches :

Ce sont des ouvrages filtrants construits en enrochements dans les ravins et les petits cours d'eau pour stabiliser la pente.

« Les seuils en pierres sèches ont l'intérêt de limiter l'érosion régressive du fait qu'ils empêchent le recul des têtes de sources des ravins ». (Daoud. 1998)

Ces seuils sont considérés comme une protection pour les aménagements à l'aval et une défense contre les événements hydrauliques importants qui causent de graves dégâts.

ii. Seuils en gabion et seuils en maçonnerie :

Pour traiter les cours d'eaux actifs, on utilise généralement les seuils en gabions et dans certains cas les seuils en maçonneries. Ils sont implantés transversalement dans les lits des oueds pour :

➤ Protéger les retenus des barrages en piégeant d'importants quantité de sédiment
➤ Stabiliser les berges, le fonds du lit et la pente des courons
➤ Recharge de la nappe phréatique

Les seuils de gabion ou en maçonnerie constituent en des petits barrages a déversoir frontal permettant le passage des eaux de crue et la rétention d'une grande partie des sédiments.

- Les seuils en gabion : sont des ouvrages soupes est filtrant qui généralement implantés dans des lits assez larges (plus que 20m)
- Les seuils en maçonneries : sont des ouvrages rigides de rétention qui sont généralement réalisés dans des lits étroits et là ou les berges sont solides et rocheux.

iii. Ouvrages d'épandage des eaux de crues :

Sont des canalisations en terre ou en ciments appelées Magoud construites en maçonneries ou en gabion pour permettre de dévier une partie des crues de l'oued vers les parcelles et les champs limitrophes.

iv. Les épis :

Se sont des ouvrages en pierres renforcées avec du gabion, en forme de T, construits perpendiculairement au lit des oueds pour :

➤ Protéger efficacement les berges d'un oued contre la force érosive des crues
➤ Eviter la concentration des crues le long des parois par déflexion vers le milieu du lit
➤ Créer des conditions favorable pour l'implantation de la, végétation
➤ Permettre à la végétation de stabiliser en permanence des berges érodées

v. Ouvrages de fixation des têtes du ravin :

Ces ouvrages permettent de réduire le développement des ravins. L'importance de ces ouvrages est fonction de la taille des cours d'eau, le volume des eaux de ruissellement et le type du sol. Ces ouvrages consistent en un colmatage des têtes de ravins par l'installation de seuils en pierres sèches, en gabions ou en maçonnerie et leur fixation biologique.

vi. Murs de soutènement :

Les murs de soutènement sont mis en place dans les pentes raides et les lieux vulnérables sujets à des glissements, et ce pour protéger aussi bien les berges d'oueds, les bassins versants fragilisés par l'érosion hydrique et les infrastructures routières.

vii. Ouvrages de recalibrage des cours d'eau :

Les averses caractérisant le climat méditerranéen le plus souvent des inondations et des transports solides provenant des berges de cours d'eau. Afin de réduire ce phénomène, les ouvrages physiques de correction de ravin sont envisagés. Ces ouvrages consistent en la mise en place en le reprofilage des cours d'eau, la fixation de leur berge et l'adoucissement des pentes.

c) Cuvette individuelles :

Les cuvettes individuelles sont parmi les techniques traditionnelles de conservation des eaux et des sols. Elles sont élaborées par les fallehs « pour mettre à la disposition des plantations arboricoles, et plus particulièrement l'olivier, une quantité supplémentaire en eau en vue d'augmenter la production. » (Boufaroua .2008).

Les cuvettes individuelles sont de formes carrées ou circulaires et entourent totalement la plante pour lui fournir une quantité supplémentaire des eaux de ruissellement.

L'aménagement des terres en pente par la technique des cuvettes individuelles est une intervention à double objectif. Elle permet en effet la mobilisation des eaux de pluie et de ruissellement et sa mise à disposition de l'arbre et de lutter contre l'érosion hydrique par réduction de la charge d'écoulement.

2. Aménagements agro-pastoral :

a) Consolidation des travaux de CES :

La réalisation des ouvrages antiérosifs est une opération, il est donc impératif de procéder à leur consolidation biologique dont l'objectif d'augmenter leur résistance et d'assurer leur pérennité.

En effet la consolidation des ouvrages de CES (banquettes, aménagement des parcours...) par des plantations pastorales et fourragères, permet de renforcer et d'accroître la durée de vie de ces ouvrages et de compenser le manque à gagner aux agriculteurs.

La réussite d'une telle consolidation biologique est fonction du type du sol, du climat et de l'espèce choisie. Généralement, la consolidation des travaux de CES se fait par l'accacia, l'atriplex, cactus (arbustes fourragères à double fin amélioration des parcours et alimentation du cheptel animal), olivier, amandier (sont utilisé essentiellement pour la consolidation des banquettes). Les caractéristiques adaptatives de ces espèces font d'eux les meilleures choisit. Parmi ces caractéristiques on cite :

- ✓ Facile à se multiplier
- ✓ Résistantes au piétinement et au surpâturage
- ✓ Ont une longue durée de vie
- ✓ Capables de se régénérer rapidement
- ✓ Fixation du sol
- ✓ Résistantes à la sècheresse et aux irrégularités climatiques
- ✓ A feuilles persistantes

b) Végétalisation des cours d'eaux :

La végétalisation c'est l'action qui vise la reconstitution du couvert végétal. La végétalisation des cours d'eaux est un geste simple et indispensable puisqu'elle permet de lui redonner à la fois la beauté et la valeur écologique en plus de contribuer à sauvegarder les usages de l'eau.

D'après le développement durable, Environnement et Parc Québec (2011) les travaux de végétalisation ont pour objectifs :

- ✓ Rétablir le rôle de filtre joué par la végétation par rapport aux engrais, aux pesticides et aux sédiments contenus dans les eaux de ruissellement.
- ✓ Stabiliser la rive pour éviter les pertes du sol et diminuer l'ensablement.
- ✓ Créer un écran solaire pour limiter le réchauffement de l'eau.
- ✓ Offrir des habitats et des abris à la faune.
- ✓ Implanter un brise-vent naturel afin de réduire l'érosion.
- ✓ Assurer la régulation du cycle hydrologique.
- ✓ Assure une amélioration de la couverture du sol et son enrichissement en matière organique.

c) Plantations fruitières :

Il consiste à planter des arbres fruitiers tels qu'olivier, amandier, pêche, abricotier et pommier.

3. Techniques douces :

a) Labour en courbes de niveau :

Le labour se fait suivant la direction des courbes de niveau pour réaliser une série de billon très proches des autres qui constituent des retenus de l'eau, cette méthode permet de briser le ruissellement et la vitesse d'écoulement de l'eau qui favorise l'infiltration des eaux de pluie dans les raies de labours et réduit l'érosion.

b) Les plantations en courbes de niveau :

Les plantations des arbres en courbes de niveau entrainent le travail du sol en courbe du niveau qui permet de préserver le sol et de retenir le max des eaux de ruissellement selon l'importance de la pente, la plantation peut être réaliser en lignes intercalaire ou en courbe de niveau.

V. Cout estimatif du projet :

Les interventions du projet s'articulent autour des principales composantes suivantes :

Tableau n°26 : Cout des actions Ces dans le bassin versant Oued EZZITOUN

Actions	Superficie (ha)	Cout unitaire (DT)	Cout total (MD)
Ouvrages			
- Banquettes mécaniques	450	550	247.5
- Correction des ravins	138	1000	138
- Cuvettes individuelles	32	210	6,72
Sous total 1	**620**		**392,22**
Aménagements agro-pastoraux			
- Végétalisation des cours d'eau	280	1400	392
- Plantation fruitière	220	1400	308
Sous total 2	**500**		**700**
Techniques douces	180	500	90
Sous total 3	**180**		**90**
TOTAL	**1300**		**1182,22**

VI. Echéancier du projet :

La mise en œuvre des actions du projet se déroulera sur 3 ans.

Tableau n°27 : Répartition sur les années des composantes du projet

Actions	Année 1		Année 2		Année 3		Total
	Superficie (ha)	Cout (MD)	Superficie (ha)	Cout (MD)	Superficie (ha)	Cout (MD)	
Banquettes mécaniques	150	82,5	150	82,5	150	82,5	247,5
Correction des ravins	46	46	46	46	46	46	138
Cuvettes individuelles	11	2,31	11	2,31	10	2,1	6,72
Végétalisation des cours d'eaux	95	133	95	133	90	126	392
Plantation fruitières	73	102,2	73	102,2	74	103,6	308
Techniques douces	60	30	60	30	60	30	90
TOTAL	396,01		396,01		390,21		1182,22

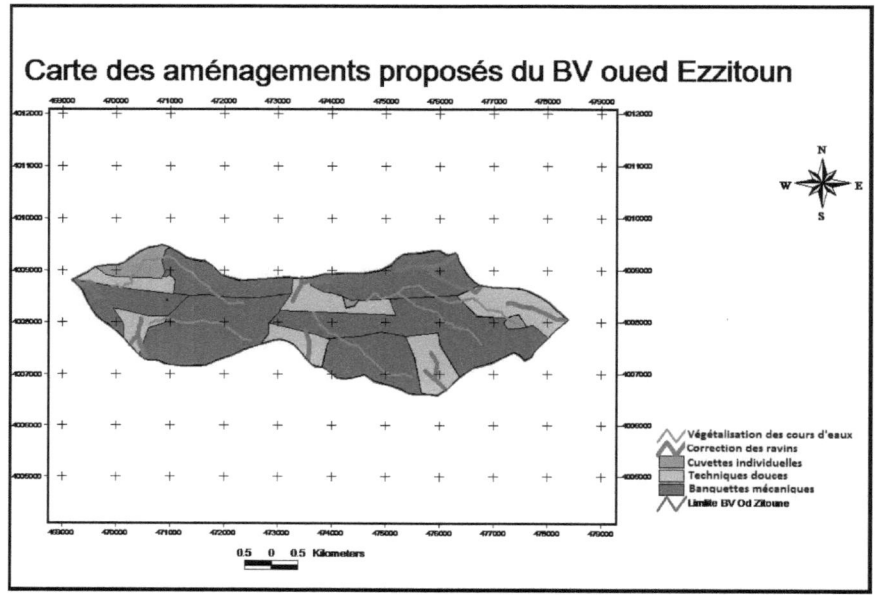

Carte n°17 : les aménagements proposés du BV oued Ezzitoun

VII. Impacts des aménagements CES :

Les travaux menés dans le bassin versant d'oued Ezzitoun provoquent des impacts spatiaux remarquables sur le milieu physique et aussi sur l'environnement socio-économique.

❖ Impact sur le milieu :
- La réduction de l'action érosive.
- Le maintien de la fertilité et l'augmentation de la production des terres agricoles.
- La maitrise des eaux de ruissellement et l'amélioration du bilan hydrique permettant une régularisation interannuelle de la ressource en eau et peuvent limiter les effets néfastes de sécheresse sur la production agricole.
- Le développement de la couverture végétale et la réduction des dégâts occasionnées par les inondations.

❖ Impact sur l'amélioration de la production agricole :
- L'augmentation des rendements des arboricultures.
- Amélioration des rendements de la céréaliculture.
- L'amélioration quantitative des ressources fourragères suite à l'amélioration des parcours par des espèces arbustives.

❖ Impact sur les revenus familiaux :

Les aménagements anti-érosifs et les ouvrages d'épandage dans le bassin versant d'oued Ezzitoun ont des effets sur l'environnement socio-économique. En effet, ces actions contribuent à l'amélioration quantitative de la production agricole et l'augmentation des rendements de l'arboriculture et par conséquent à l'amélioration des conditions de vie des habitants locaux.

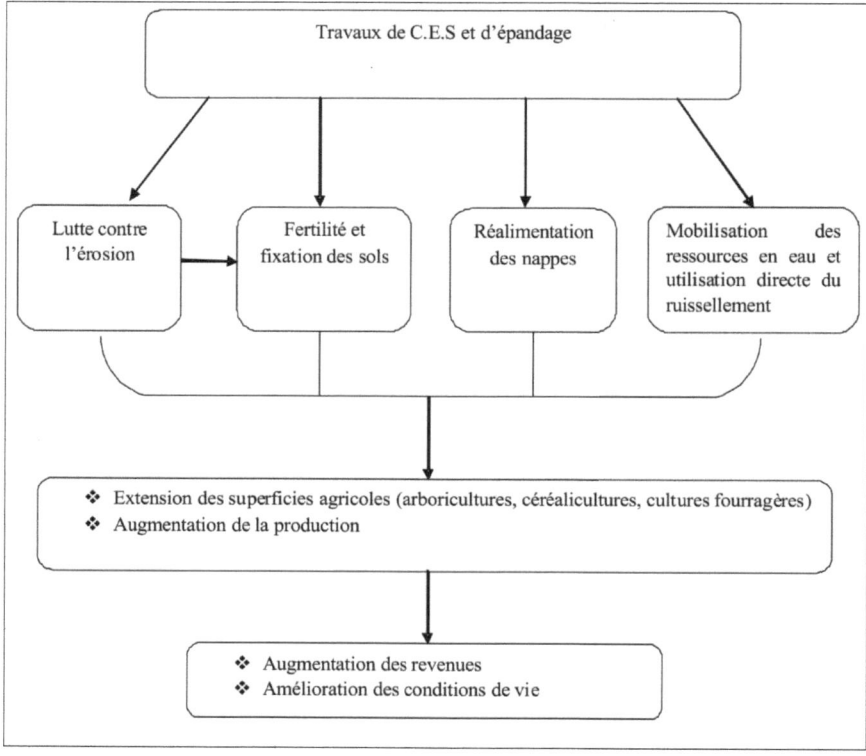

Fig n°5: Schémas du cycle des impacts des aménagements de C.E.S.

Conclusion

Le présent projet de fin d'étude a été consacré à l'analyse de la situation actuelle au niveau du bassin versant « Oued Ezzitoun ». Il en déroule que l'érosion dans cette zone est un phénomène qui touche une grande superficie à cause d'un régime pluviométrique à caractère torrentiel, la destruction ou l'insuffisance du couvert végétal et la nature du relief.

La lutte antiérosive dans le bassin versant Oued Ezzitoun reste dépendante de l'exécution des aménagements de C.E.S proposés et du composant de développement agricole ceci se réalise par des actions de reboisement, des plantations de périmètres pastoraux, de consolidation biologique des ouvrages de C.E.S et de développement de l'arboriculture.

Apparemment, il n'y a pas d'approche idéale. La répartition des responsabilités aux niveaux national, régional, et local doit être définie en fonction des problèmes à résoudre et des objectifs à atteindre. On espéré au future de trouver des solution miracles à un approche qui résoudre tous les problèmes.

Références bibliographiques

Ali Dally AISSA, 2012. Cours de C.E.S, ESAKEF.

Sophie LEGUEDOIS, 2003. Mécanismes de l'érosion des sols, Mécanismes du transfert et de l'évolution granulométrique des fragments de terre érodés.

Ahmed RAJAH, 2011. Recherche documentaire sur les aménagements de conservation des eaux et des sols. Programme de Soutien à la Coopération Régionale.

M. JAOUED, M. GUEDDARI, M. SAADAOUI, 2005. Modélisation de l'érosion hydrique dans le bassin versant de l'oued M'Khachbia (Nord-Ouest) de la Tunisie Modelling water erosion in M'Khachiba basin (North-West of Tunisia). Volume 29. Pp 15-24.

Aisssam Gaagai, 2009. Mémoire d'obtention du diplôme de magistère en hydraulique : étude hydrologique et hydrochimique du bassin versant du barrage de Babar sur oued El Arab région Est de L'Algérie.

Ministère de l'environnement et du développement durable Direction générale de l'environnement et de la qualité de la vie, Mars 2006. Rapport finale : programme d'action régional de la lutte contre la désertification du Gouvernorat du Kef.

Volker PRASUHN, 2009. Les différentes formes d'érosion : dix ans (1998-2009) d'observations photographiques.

Guide de conservation des eaux et du sol, 1995. Ministère de l'agriculture.

Lilia Ben Cheikha, Moncef Gueddari, 2008. Le bassin versant du Jannet (Tunisie) : évaluation des risques d'érosion hydrique.

M Achouri. La conservation des eaux et du sol en Tunisie : bilan et perspective. Direction de la conservation des eaux et du sol Ministère de l'agriculture Tunis.

Youssef AL ALI, 2007. Les aménagements de conservations des eaux et des sols en banquettes Analyse, fonctionnement et essai de modélisation en milieu méditerranéen (EL-Gouazine, Tunisie Centrale).

I want morebooks!

Buy your books fast and straightforward online - at one of world's fastest growing online book stores! Environmentally sound due to Print-on-Demand technologies.

Buy your books online at
www.morebooks.shop

Achetez vos livres en ligne, vite et bien, sur l'une des librairies en ligne les plus performantes au monde!
En protégeant nos ressources et notre environnement grâce à l'impression à la demande.

La librairie en ligne pour acheter plus vite
www.morebooks.shop

KS OmniScriptum Publishing
Brivibas gatve 197
LV-1039 Riga, Latvia
Telefax +371 686 204 55

info@omniscriptum.com
www.omniscriptum.com

Printed by Books on Demand GmbH, Norderstedt / Germany